DANIEL ETTER

FELD VERSUCH

MEIN HOF UND
DIE SUCHE NACH DER ZUKUNFT
DER LANDWIRTSCHAFT

Mit Fotografien des Autors

PENGUIN VERLAG

MIX
Papier | Fördert gute Waldnutzung
FSC® C010328

Penguin Random House Verlagsgruppe FSC® N001967

1. Auflage

Neumarkter Straße 28, 81673 München
Lektorat: Ulrike Gallwitz
Bildbearbeitung: Lorenz + Zeller GmbH, Inning a. Ammersee
Umschlaggestaltung: Büro Jorge Schmidt
Umschlagabbildungen: © Daniel Etter
Satz: satz-bau Leingärtner, Nabburg
Druck und Bindung: Alföldi Nyomda Zrt., Debrecen
Printed in Hungary
ISBN 978-3-328-60301-6

www.penguin-verlag.de

INHALT

PROTAGONISTINNEN UND PROTAGONISTEN

Für den Waldgärtner **Martin Crawford** sind Pflanzen eine Form des Widerstandes gegen ein destruktives System.

Yanniek Schoonhoven und **Alfonso Chico de Guzmán** betreiben im Südosten Spaniens den Betrieb La Junquera.

Isabel Rubio Pérez, Englischlehrerin in Rente, kämpft für das Mar Menor und gegen die intensive Landwirtschaft.

Friederike Schierholz und **Alexander Schierholz-Prilop** versuchen, Erosion auf kargen niedersächsischen Sandböden durch den Verzicht aufs Pflügen zu stoppen.

Meike Grosse, studierte Musikerin, ehemalige Geigenlehrerin und Doktorin der Landwirtschaft, betreut im schweizerischen Aargau einen der längsten Feldversuche zu ökologischer Bodenbearbeitung in Europa.

Alfred Grand, Landwirt in unzähliger Generation, lässt auf seinem Hof westlich von Wien Millionen Regenwürmer für sich arbeiten.

David Wolfe führt im Osten von England das Erbe seines Vaters weiter, der Bäume für den Acker wiederentdeckte.

Lennart Claaßen und **Nanouk Dognies** wollen mit Schafen in den französischen Alpen Biodiversität aufbauen.

Biobauer **Christoph Trütken** will auf dem Antoni-Hof im Schwarzwald mit Rindern Kohlenstoff im Boden speichern.

Bodenkundler **Christopher Poeplau** vom Thünen-Institut für Agrarklimaschutz kämpft gegen falsche Versprechen und für ein neues Paradigma der Landwirtschaft.

Benedikt Bösel betreibt in Brandenburg einen der größten regenerativen Betriebe Europas und will Landwirtschaft und Natur versöhnen

Für die Landwirtin und ehemalige Künstlerin **Maria Giménez** sind Gärten ein Akt der Revolution.

PROLOG
DER WALDGÄRTNER

Die Hypothese von Gaia ist für jene bestimmt, die gerne herumstreifen oder einfach stehen und schauen, die über die Erde staunen und das Leben, das sie trägt, und über die Folgen nachdenken, die unsere Existenz hier nach sich zieht. Sie bietet eine Alternative zu der pessimistischen Sicht, nach der die Natur nur eine primitive Kraft verkörpert, die es zu unterwerfen und zu erobern gilt.

J. E. Lovelock, 1979

Ein kleiner Wald, sattgrün und wild bewachsen, von Laubbäumen dominiert, die 20, vielleicht 30 Meter in den Himmel der englischen Grafschaft Devon ragen. Allein folge ich einem schmalen Pfad hinein, versuche mich zu orientieren. Mit jedem Meter wird deutlich, dass dieser Wald nicht gewöhnlich ist: Erdbeeren bedecken den Boden, dichte Bambussträucher bilden einen Tunnel, durch den der Pfad führt, üppige Yucca-Palmen scheinen sich hierhin verirrt zu haben, die roten Früchte der Japanischen Weinbeere schälen sich gerade aus fein behaarten Knospen. Dieser Wald ist das Lebenswerk von Martin Crawford. Er ist der Ausgangspunkt meiner Suche nach der Zukunft der Landwirtschaft in einer heißeren Welt. Sie hat mich von Südspanien über den Südwesten Großbritanniens durch Niederösterreich und die französischen Alpen bis nach Brandenburg gebracht. Ich habe Neueinsteiger getroffen und

Landwirte und Landwirtinnen, die nicht sagen können, in welcher Generation sie ihren Betrieb führen. Crawfords Garten war nicht der geografische Ausgangspunkt, aber sein Ansatz war Inspiration für meinen Garten im Norden Spaniens – und damit auch für dieses Buch.

Am nächsten Morgen treffe ich ihn. Er ist ein hagerer Mann, 61 Jahre alt, seine kurz geschnittenen Haare stehen am Hinterkopf ein wenig wild ab. Crawford trägt, was er auf allen Fotos trägt, die ich von ihm kenne: Jeans, kariertes Hemd und Gummischuhe. Zusammen schlendern wir durch den Wald. Beinahe alles hier ist essbar – die Blätter, Früchte, Wurzeln – oder nutzbar – als Feuerholz, Kerzenwachs oder Medizin. Dann gibt es Pflanzen, die Nährstoffe sammeln und sie anderen verfügbar machen. Die Erlen etwa können mit Hilfe von Pilzen Stickstoff im Boden fixieren, der Beinwell sammelt mit seinen metertiefen Wurzeln Mineralien aus der Tiefe. Das Ganze nennt sich Waldgarten, und Crawford war einer der Pioniere dieses Anbausystems in Europa.

Der Sommer 2022 ist der heißeste Sommer seit Beginn der Wetteraufzeichnungen in England, die Temperaturen stiegen in den vergangenen Wochen auf über 40 Grad Celsius. Der Höhepunkt der extremen Hitzewelle ist gerade vorbei. Sie hat ihre Spuren in der Landschaft hinterlassen. Die Felder in Devon sind gelb verdorrt. An diesem Tag nieselt es ein wenig, immerhin. Crawford scheint erstaunt, wie gut sich sein Waldgarten unter diesen harschen Bedingungen behauptet. »Wir sind inmitten einer Dürre«, sagt er und schaut sich im dichten Grün um. »Alles ist immer noch üppig. Fast nichts zeigt Anzeichen von Stress durch Trockenheit.« Rund 500 verschiedene mehrjährige Pflanzenarten wachsen hier, drei Viertel davon sind in Großbritannien nicht heimisch. »Die Menschen glauben, dass Pflanzen immer konkurrieren. Aber wenn man seinen eigenen Waldgarten anlegt, stellt man fest, dass die Pflanzen mehr kooperieren als konkurrieren«, erzählt er. »Das merkt man besonders bei diesen extremen Wetterbedingungen.«

1994 pflanzte Crawford hier auf knapp einem Hektar Weideland den ersten Baum. »Wahrscheinlich war es eine Italienische Erle«, erinnert er sich. »So wie die.« Er zeigt zur Krone des mächtigen Baumes,

Martin Crawford in seinem Waldgarten während eines heißen, trockenen Sommers

unter dem wir stehen, und legt seine Hand auf die Rinde. Mir fällt es schwer, ein System zu erkennen. Ein Busch wuchert in den nächsten, Kletterpflanzen ranken sich Bäume hinauf, hoch in den Kronen reifen Kastanien ihrer Ernte entgegen, die Obstgehölze scheinen kaum beschnitten – der Alptraum des deutschen Schrebergärtners. Doch der Wald ist das gesamte Jahr hindurch ertragreich. Crawford und seine Familie ernähren sich beinahe ausschließlich daraus. Momentan gibt es etwa Samen von *Cajanus cajan,* der Straucherbse, die vor allem in den Tropen und Subtropen kultiviert wird, oder *Caragana arborescens,* dem Gemeinen Erbsenstrauch, dessen Samen in Deutschland offiziell als giftig gelten, die aber gekocht bedenkenlos zu konsumieren sind.

Crawford deutet auf den kleinen Teich, an dem wir vorbeigehen. Er ist dicht mit Wasserlilien bewachsen. Am Rande sprießen Pflanzen mit kleinen weißen Blüten und handtellergroßen, sternförmigen Blättern. »Das hier, *Sagittaria,* hat wunderbare Knollen.« Für einige indigene Völker

Nordamerikas waren sie ein Grundnahrungsmittel. Jetzt gehört Crawford zu den wenigen Menschen weltweit, die sie überhaupt noch essen. »Wahrscheinlich gibt es auf diesem Planeten niemanden, der sich von so viel unterschiedlichem Gemüse ernährt wie du?«, frage ich. Crawford zögert, sagt dann »wahrscheinlich« und kichert stolz.

Ein Waldgarten produziert auf sieben Ebenen: Ganz oben ist der Schirm, die Kronen von Bäumen, die viel Licht brauchen, Kastanien etwa oder Erlen. Dann kommen kleinere oder schattentolerantere Bäume, wie die klassischen Obstbäume Apfel, Birne, Kirsche, oder Außergewöhnlicheres, wie die beinahe schwarzen Apfelbeeren. Auf der nächsten Ebene wachsen Sträucher wie Goji, Blaubeeren oder Himbeeren. Darunter mehrjährige krautige Pflanzen wie Artischocken oder Spargel. Dann folgen Bodendecker, beispielsweise Erdbeeren. Schließlich Pflanzen mit essbaren Wurzeln wie Topinambur und Kletterpflanzen wie Kiwi. Dazwischen wachsen Speisepilze auf Totholz. Alles produziert einmal gepflanzt mehrere Jahre, manchmal über Jahrzehnte. Crawford erntet in seinem Waldgarten das gesamte Jahr über. Es macht ihn und seine Familie unabhängig von gekauftem Gemüse, das wie Tomaten oder Gurken meist einjährig angebaut wird. Dabei produziert er nicht, um andere Menschen zu ernähren. Dafür ist sein System zu komplex und zu wenig auf Effizienz getrimmt.

Doch in Zukunft wird es darauf ankommen, wie wir angesichts der Klimakrise acht Milliarden Menschen ernähren können, wie wir, ohne zu hungern, Biodiversität erhalten und der Klimakrise etwas entgegensetzen können. »Kann man hiermit ein Dorf ernähren?«, frage ich. »Interessante Frage«, antwortet er. »Wenn du ein kommerzielles System willst, musst du simplifizieren.« In geraden Reihen etwa lässt sich einfacher ernten als in diesem gewundenen Wald. »Aber da liegt mein persönliches Interesse nicht«, ergänzt er.

Über 28 Jahre ist dieser Waldgarten gewachsen, und mit jedem Jahr wurde deutlicher, warum dieses Projekt so wichtig ist. »Für mich ist die oberste Priorität eines regenerativen oder nachhaltigen Anbausystems, so viel Kohlenstoff zu speichern wie möglich«, sagt er. »Wenn du von

Essbare Pflanzen in Crawfords Garten

dieser Idee ausgehst, kommst du unweigerlich zu einem System mit vielen Bäumen. Waldgärten sind da besser als jedes andere Anbausystem.« Tatsächlich haben sich Wissenschaftler der Universität Kopenhagen angeschaut, wie viel Kohlenstoff in Crawfords Bäumen gespeichert ist: rund 40 Tonnen pro Hektar. Da Kohlenstoffdioxid 3,67-mal so schwer ist wie ein einzelnes C-Atom, bedeutet das knapp 147 Tonnen Kohlenstoffdioxid, die nicht in der Atmosphäre sind. Aber es ist ein Anbausystem, bei dem man Abstriche bei der Produktivität machen muss. Für Crawford ist das unerheblich. Für ihn ist dieser Waldgarten eine gepflanzte Kritik an unserem destruktiven Wirtschaftssystem.

»Das Ding ist, sobald du irgendein Anbausystem kommerziell funktionieren lassen willst, musst du das innerhalb des gegenwärtigen Systems machen.« Das sind auch Gedanken, die mich umtreiben. Das Wirtschaftswachstum seit den Nachkriegsjahren hat vielen Menschen – vor allem in Europa und den USA – unvergleichlichen Wohlstand gebracht. Der konsumgetriebene Kapitalismus ist das mächtigste Wirtschaftssystem, das diese Welt je gesehen hat. Er macht Luxusgüter zu Alltagsgegenständen, vernetzt das abgelegenste Dorf mit dem Rest der Welt und hat uns eine Nahrungsmittelvielfalt im Supermarkt um die Ecke beschert, die für die Generation unserer Großeltern undenkbar war. Und wenn sich diesem Kapitalismus und seinem beständigen Drang nach Wachstum etwas in den Weg stellt, entfaltet er unglaubliche, oft destruktive Kräfte. Die größten Wälder werden gerodet, die Weltmeere verwandeln sich in eine Müllhalde, riesige Sumpflandschaften werden trockengelegt, und die Klimakrise bedroht nicht weniger als die Existenz der Zivilisation. »Prekarität schien einst das Schicksal der weniger Glücklichen zu sein. Jetzt scheint es, all unsere Leben seien prekär – auch wenn, für diesen Moment, all unsere Taschen gefüllt sind«, schreibt die Anthropologin Anna Lowenhaupt Tsing in ihrem Buch *Der Pilz am Ende der Welt. Über das Leben in den Ruinen des Kapitalismus*. Biogemüse anzubauen, reicht nicht, um diese Gefahr zu bannen.

»Meiner Meinung nach ist das gegenwärtige Wirtschaftssystem komplett nicht nachhaltig. Und es führt uns an den Rand einer Klippe. Davon will ich nicht Teil sein«, sagt Crawford. »Wenn wir als Zivilisation überleben wollen, muss sich das ändern. Wenn das nicht passiert, macht es keinen Unterschied, was du machst.« Crawford lacht über den Fatalismus seiner Worte.

Direkt neben seinem Waldgarten liegen die Gebäude des Schumacher Colleges, an dem ökologisch zentriertes Wirtschaften gelehrt wird. Es gibt Kurse für Marktgärtnerei, und inzwischen gehört auch ein eigener Waldgarten dazu. Studierende helfen Crawford an einem Morgen in der Woche in seinem Waldgarten aus, ernten manchmal mit. »Für junge Leute ist es so schwer. Bei den derzeitigen Umweltbedingungen und angesichts der vielen dramatischen klimatischen Entwicklungen in der Zukunft ist das eine große Herausforderung für sie.« Zudem wird Land für den Anbau immer knapper und immer teurer. »Ich denke, der Druck, etwas zu ändern, wird von ihnen kommen.« Oder von klimaaktivistischen Gruppen wie Extinction Rebellion, die durch Straßenblockaden in Großbritannien notorische Bekanntheit erlangt hat. Diese jungen Menschen machen ihm Hoffnung.

Crawford ist ein stiller, unaufgeregter Mann. Niemand, der auf Barrikaden klettert und die Massen anheizt. Sein Widerstand sind Pflanzen. »Ich bin innerlich zerrissen«, sagt er. »Ich sehe, dass das System nicht funktioniert, aber ich muss irgendwie für meinen Unterhalt sorgen.« Deshalb hat er Bücher geschrieben und auf einem anderen Areal eine Baumschule und Gärtnerei mit ess- und nutzbaren Pflanzen aufgebaut. Dort hat er auch ein Gewächshaus stehen, in dem er Pflanzen für eine heiße Zukunft testet. In dem 20 mal 20 Meter großen und etwa zehn Meter hohen, futuristisch wirkenden Glaskasten wachsen Bananen, *Debregeasia orientalis*, ein Strauch, der etwa im nordöstlichen Indien heimisch ist und dessen Früchte man essen kann, oder Mashua, die Knollige Kapuzinerkresse, die in den Anden konsumiert wird. Noch kann er die Pflanzen hier nicht ganzjährig unter freiem Himmel anbauen, aber lange wird es nicht dauern, bis dies auch hier, im Südwesten Englands, möglich ist.

Es ist ein Spagat: Auf der einen Seite verdient Crawford so in diesem System Geld, auf der anderen Seite hilft er anderen Menschen, sich ein wenig aus diesem System zu lösen. Pflanzen und Bäume zu verkaufen, sein Wissen weiterzugeben, ist seine revolutionäre Praxis. In den vergangenen Jahren sei die Nachfrage nach Pflanzen schier explodiert. Vor allem seit Beginn der Pandemie. »Alles, was wir tun können, ist, etwas Gutes mit Leidenschaft zu tun und zu hoffen, dass sich die Wellen davon verbreiten«, sagt Crawford. Wenn das alles nicht funktioniert, bleibt ihm eines: »Ich mag es, Pflanzen aufzuziehen«, erklärt er mir ungefragt, als wir durch seine Baumschule schlendern. Es klingt, als sei es die wichtigste Erkenntnis seines Lebens. Er will das bis zum Ende machen. »Eines Tages werden sie mich tot in den Feldern finden.«

Dieses Buch ist im Laufe meiner Reise zu Landwirten und Landwirtinnen in ganz Europa zu einem anderen geworden, als ich es ursprünglich im Sinn hatte, weil dieses Jahr anders war, als ich es mir zu Beginn der Recherche vorgestellt hatte. Auf Sota la Quinta, meinem Bauernhaus im Norden Spaniens, begann es mit einem ungewöhnlich trockenen Winter. Gefolgt wurde dieser von einem Frühjahr, in dem es über Wochen nicht aufhörte zu regnen. Dann kamen späte Fröste im April, die unsere Pfirsichernte dezimierten. Im Mai ist der Garten so grün wie selten zuvor. Doch das Wachstum wird jäh enden. Denn 2022 wird ein Jahr außergewöhnlicher Hitze. Weltweit fallen Temperaturrekorde. Während unser Garten in den Jahren zuvor bis in den Juli hinein saftig grün war, werden die Wiesen in diesem Jahr schon Anfang Juni gelb vertrocknet sein. Unsere Tomaten verkochen am Strauch, der Bach unten im Tal versiegt teilweise und wird sich über Monate nicht regenerieren.

Was jetzt noch Extreme sind, wird bald Normalität sein. Es ist eine Entwicklung, die mir große Sorgen bereitet. Gleichzeitig sehe ich aber, dass dieses Projekt, die Suche nach klimaresilienter und klimafreundlicher Landwirtschaft, dringlicher ist denn je.

Aus der Frage, wie Landwirtschaft nachhaltiger werden kann, wurde die Frage, wie sie in einer heißeren Zukunft überhaupt noch funktionieren kann. Sicher, es gibt Experimente mit Laborfleisch, es gibt riesige künstlich beleuchtete und bewässerte Farmen in den Niederlanden. Aber damit acht Milliarden Menschen ernähren? Das scheint mir utopisch. Die Energie, die Ressourcen, die dafür aufgewandt werden müssten, übersteigen die Kapazitäten dieser Erde. Schon jetzt verbrauchen wir 1,7-mal mehr, als sich regenerieren kann. Landwirtschaft unter offenem Himmel wird auf absehbare Zeit die Norm bleiben. Und diese zu betreiben, wird immer schwieriger werden.

Um das zu verstehen, lohnt ein Blick ins kalifornische Central Valley. In der fruchtbaren Region produzieren 35 000 Farmen auf zweieinhalb Millionen Hektar rund ein Viertel der in den USA konsumierten Nahrungsmittel. Mandeln, Orangen, Weintrauben, Milch, Fleisch und Getreide: 400 Kulturpflanzen werden dort angebaut. Aber die Frage ist, wie lange wird das noch in der derzeitigen Form funktionieren? Seit zwei Jahrzehnten trocknet die Gegend aus. Megadürre nennt sich das. Wobei ich mir die Frage stelle, ob Dürre hier überhaupt noch der richtige Begriff ist. Dürre impliziert ja, dass irgendwann wieder regenreiche Jahre kommen. Aber eine Dürre, die sich über zwei Jahrzehnte erstreckt? Selbst biblische Dürren endeten nach drei Jahren. Was in Kalifornien passiert, sieht nach einer fundamentalen Verschiebung von Wettermustern aus.

Und die Auswirkungen auf die Landwirtschaft sind dramatisch. Aufgrund der Dürre 2021 konnten 155 000 Hektar Ackerland nicht mehr bepflanzt werden. Der finanzielle Schaden betrug 1,5 Milliarden Euro, und 14 000 Menschen verloren ihre Jobs. Amerikanische Konsumenten haben davon jedoch kaum etwas mitbekommen. Globalisierte Versorgungsketten sorgen dafür, dass Ernteeinbrüche in einem Land mit Importen aus einem anderen Land kompensiert werden können. Doch auch das hat Grenzen.

Eine Studie aus dem Jahr 2019 kommt zu dem Ergebnis, dass die Anbaufläche aufgrund schwindenden Wassers allein im südlichen Teil des Central Valleys bis 2040 um gut 200 000 Hektar zurückgehen wird. Eine andere Studie aus dem folgenden Jahr projiziert, dass es bis 2060 in weiten Teilen des Central Valleys nicht mehr kalt genug für Pfirsiche werden wird. Aber es bleibt dort nicht bei Dürren, denn im Winter 2022 beginnen verheerende Regenstürme in Kalifornien. Was als Segen für das ausgetrocknete Land erscheint, ist ein ebenso großes Problem. Der Regen übersättigt den Boden, überfordert Rückhaltebecken und überflutet weite Teile des Central Valleys, weil Böden versiegelt sind, Flüsse nicht genug Platz haben, in die Breite zu gehen, und dem Wasser so keine Zeit gegeben wird, in die Tiefe zu dringen. Anstatt Grundwasser zu speichern, erodiert fruchtbarer Boden.

Im Moment, in dem ich das schreibe, lässt sich noch nicht absehen, wie groß der landwirtschaftliche Schaden sein wird, aber er addiert sich zu den Dürreschäden weltweit. Die Koexistenz von Dürren und extremeren Regenfällen wird seit vielen Jahren von der Klimawissenschaft prognostiziert. Solche Einbrüche werden keine lokalen Ereignisse bleiben, und sofern wir unsere Nahrungsmittelproduktion nicht darauf einstellen, wird es einen Punkt geben, an dem sich die Lebensmittelknappheit auch in amerikanischen oder europäischen Supermärkten niederschlägt, weil die Kapazität globalisierter Kompensation erschöpft ist.

Sosehr Landwirtschaft auch für Klimaschäden verantwortlich ist und sosehr sie unter diesen leidet, so viel Potenzial steckt auch in ihr, den Klimawandel zu verlangsamen. Sie ist eine Chance der Menschheit, möglichst schnell und effektiv etwas zum Besseren zu ändern. Eine Milliarde Tonnen Kohlenstoffdioxid könnte landwirtschaftlicher Boden jedes Jahr zusätzlich fixieren – das sind rund drei Prozent des globalen Ausstoßes. Frankreich hat 2015 das Ziel ausgerufen, den Kohlenstoffgehalt in den Böden der französischen Bauern und Bäuerinnen jedes Jahr um 0,4 Prozent zu erhöhen, will damit knapp die Hälfte seiner Emissionen ausgleichen. Ist das realistisch? Wie kann man das erreichen? Und wie können wir damit weiterhin genug Nahrungsmittel für acht Milliarden Menschen produzieren? Es sind einige der größten Fragen unserer Zeit.

Deshalb wurde meine Reise immer mehr ein Versuch, zu verstehen, wie wir in einer heißeren Zukunft nachhaltig anbauen können. Wie kann die Landwirtschaft mit diesen Extremen, mit Wassermangel und großer Hitze auf der einen und extremen Regenfällen und späten Frösten auf der anderen Seite umgehen? Ich habe Projekte in Spanien, Frankreich, dem Vereinigten Königreich, Ungarn, Österreich und Deutschland besucht. Viele der Produzenten, Bauern und Viehwirtinnen, die ich getroffen habe, sind Quereinsteiger, oft ohne landwirtschaftliche Ausbildung. Manche sind privilegiert, weil sie Land geerbt haben, andere jung und voller Energie, etwas Neues zu wagen. All das hilft, wenn man gängige Dogmen in Frage stellen will. Wenn man das macht, wenn man gängige Praktiken über den Haufen wirft, macht man zwangsläufig Fehler und erntet dann anstatt Weizen nur den Spott der Nachbarn.

Aber ich wollte auch einem persönlicheren Anliegen nachgehen. Zu Sota la Quinta gehören zwei Äcker, die wir bisher nur sporadisch genutzt haben. Auf einem habe ich 120 Olivenbäume gepflanzt, der andere liegt komplett brach. Zusammen sind es etwa 1,5 Hektar. Ich habe Leguminosen gepflanzt, die die Bodenstruktur verbessern und den Boden mit Stickstoffverbindungen anreichern, die für das Pflanzenwachstum wichtig sind. Von den Menschen auf meiner Reiseroute wollte ich nun lernen, was das Klimaresilienteste und Klimafreundlichste ist, was ich mit diesen 1,5 Hektar Land machen kann.

Dieses Buch ist keine konkrete Anleitung für nachhaltige, regenerative oder irgendeine Form von Landwirtschaft. Aber es will ein Verständnis der komplexen Systeme vermitteln, die Grundlage unser aller Ernährung sind. Sie fangen im Boden an und enden auf unseren Tellern. Wenn man dieses Verständnis hat, wird der eigene Garten davon profitieren – und der eigene Konsum vielleicht ein wenig bewusster.

Aber ich bin davon überzeugt, dass es Veränderungen im System braucht. Dass wir nicht extra in den Biosupermarkt gehen müssen, um nachhaltige Lebensmittel zu kaufen, sondern dass nachhaltige Lebensmittel auch im Discounter Standard sein sollten. Dafür braucht es gesellschaftliche und politische Veränderungen, dafür müssen wir Dogmen hinterfragen und altgewohnte Techniken überdenken. Ich bin fest davon überzeugt, dass wir unsere Landwirtschaft und die Systeme, die sie am Laufen halten, reformieren müssen, dass es besser, gesünder und nachhaltiger geht. Nur braucht es politischen Willen dafür. Und die Zeit drängt.

FRÜHJAHR

AUFLEBEN
UNSER SPANISCHER GARTEN

Es ist März. Aus meinem Schreibzimmer blicke ich über unseren Garten. Tiefe Wolken hängen über den Hügeln auf der anderen Seite des Tals. Es regnet in Strömen. Die Böden sind gesättigt. An einigen Stellen im Garten steht das Wasser knöcheltief. Seit drei Wochen gab es keinen Tag ohne Niederschlag. Es war bitter nötig. Davor hat es beinahe drei Monate am Stück nicht einen Tag geregnet. Normalerweise ist wenig Wasser im Winter, in der Ruhephase von Bäumen und Sträuchern, nicht dramatisch, aber in diesem Jahr hat die Trockenheit unseren neu gepflanzten Oliven zugesetzt. Jetzt scheint der Regen kein Ende nehmen zu wollen. Auch für die nächste Woche zeigt die Wettervorhersage jeden Tag Niederschlag an.

Unser Steinhaus liegt in einem dicht bewaldeten Tal in einem vulkanischen Vorgebirge der Pyrenäen. Die Menschen, die hier leben, sind vor allem Bauern. Wenn sie sich am Wochenende zur Jagd verabreden, wärmen sie sich davor mit Ratafia, einem lokalen Likör, auf. Ich bin vor sieben Jahren eher zufällig hier gelandet. Meine damalige Partnerin hat in Barcelona studiert, und wir haben nach Häusern in der Gegend geschaut. Ein kleiner Hof auf dem Land war schon lange ein Traum, und in Deutschland war das entweder unerschwinglich oder nur in tristen Gegenden möglich. Dieses Steinhaus, das laut Grundbuch auf dem Anwesen namens Sota la Quinta steht und Can Barras heißt, war günstig, die Gegend wunderschön.

Die Familie, die hier zuvor lebte, betrieb zuletzt ein wenig Subsistenzwirtschaft, baute auf einem Acker vor dem Haus Kartoffeln, Bohnen oder Tomaten für den Eigenverzehr an. Hinter dem Haus ziehen sich Terrassen den Hang hinauf. Sie sind überwachsen mit Ginster. Weiter oben finden sich ebene Flächen, auf denen sich Eichen, Pinien und Lorbeer angesiedelt haben. Ich habe mich seit dem Kauf gefragt, bis wann und wofür diese Terrassen genutzt wurden. Irgendwann bin ich auf unscharfe Luftbilder aus den 50er-Jahren gestoßen. Darauf kann man erkennen, dass der gesamte Hang bewirtschaftet wurde. Ich zähle rund ein Dutzend Äcker, in unregelmäßigen Formen und unterschiedlichen Größen.

Die nächsten Luftbilder, die ich finden kann, stammen aus den späten 90ern. Die Terrassen und Äcker sind da schon zu Wald geworden. Zwischen den Aufnahmen aus den 50ern und denen aus den 90ern steht der Siegeszug vieler technischer Innovationen – vor allem der des Traktors. Die engen Terrassen mit ihren steilen Auffahrten waren damit nicht zu erreichen. Landwirtschaft, die nicht mechanisiert war, verlor die Konkurrenzfähigkeit. Immer weniger Menschen waren nötig, um einen Hof zu betreiben. Und je größer und regelmäßiger die Flächen sind, desto besser rechnet sich der Traktor.

Damit, so scheint es, war das Ende des kommerziellen Anbaus auf Sota la Quinta besiegelt. Die Menschen zogen weg. Überall in der Gegend stehen noch Ruinen, die vermutlich bis in die 50er bewohnt waren. Bis 2014 lebte in Sota la Quinta noch eine Familie. Es gibt Farbfotos, auf denen sie mit handbetriebenen Pflügen vor dem Heuschober posieren.

Das Haus verteilt sich auf zwei Ebenen, die in drei etwa gleich große Bereiche aufgeteilt sind. Als ich im Herbst 2015 zum ersten Mal durch die breite Eingangstür trat, fand ich mich in einem großen Eingangsbereich mit einem Boden aus wackligen Feldsteinen wieder. Links davon war die Küche mit einem offenen Kamin und dahinter eine Räucherkammer, rechts vom Eingang ein Stall mit einer Tränke, am Ende des Eingangsbereichs ein abgetrennter Bereich für Mutterkuh und Kalb. Die Fenster hatten entweder keine Scheiben oder waren einfach verglast. Die

Rahmen waren morsch. Das Dach war nicht isoliert. Es muss im Winter, wenn die Temperaturen hier nachts bis auf minus sieben Grad fallen, bitterkalt gewesen sein. Irgendwann hatte man immerhin ein von innen begehbares Badezimmer an die Rückwand in der ersten Etage gebaut. Es war aus dünnen Ziegeln mit einem Dach aus Asbest. Außen war ein zweigeschossiger Heuschober aus Feldsteinen angebaut worden. Er ist auf den Luftbildern aus den 50ern noch nicht zu erkennen.

Wir kauften das Haus und begannen mit dem Umbau. Der Stall wurde zur Küche, bekam einen Durchbruch zum Heuschober, der unten zum Wohnzimmer und oben zu einem Schlafzimmer wurde. Aus der Küche und der Räucherkammer wurde ein Apartment. Wir ersetzten Fenster oder bauten sie überhaupt erst ein, isolierten das Dach, verlegten neue Stromleitungen und Installationen, bauten Badezimmer ein. Später kam eine Photovoltaikanlage dazu, die die Hälfte unseres Strombedarfs deckt. Der Umbau war zeit- und nervenaufreibend, manchmal war ich kurz davor, aufzugeben und das Haus im halb renovierten Zustand zu verkaufen. Nach beinahe drei Jahren Umbau war es endlich fertig.

Für mich war die Idee eines Hauses auf dem Land auch die eines Rückzugsortes. Ich arbeite seit zehn Jahren als Fotograf – vor allem in Krisengebieten. Ich habe in Libyen, dem Irak, Afghanistan, Syrien und zuletzt in der Ukraine recherchiert. Ich habe mehr Tod und Verzweiflung gesehen, als gesund ist. In Syrien ist ein Pilot mit seinem Kampfjet auf mich zugestürzt und hat mich mit einer Rakete beschossen, die glücklicherweise hinter einer Mauer einschlug. In Afghanistan bin ich mit noch viel mehr Glück einer Entführung entgangen. Viele meiner Kolleginnen und Kollegen mussten für diesen Beruf mit ihrem Leben bezahlen, andere sind bis heute verschollen. In den vergangenen Jahren habe ich mich der Klimakrise gewidmet. Ich habe im Irak gesehen, wie die Gier von Ölkonzernen, Korruption, Misswirtschaft und steigende Temperaturen ein einmaliges, einst riesiges Ökosystem – die Mesopotamischen Marschen – zerstören; habe in Somalia gesehen, wie Menschen ihre Lebensgrundlage verlieren, weil eine Regensaison nach der anderen ausbleibt; habe in Syrien trockene, erodierte Felder gesehen, auf denen die kläglich wenigen Wassermelonen nur noch als Übungsziel für die Terrororganisation Islamischer Staat herhielten.

Dieses Haus in Spanien sollte ein Ort sein, an dem ich diese Erfahrungen hinter mir lassen konnte, um Energie für neue Projekte und Zeit zum Reflektieren zu finden. Und ich wollte pflanzen – Gemüse, ein paar Obstbäume vielleicht. Denn was könnte ein größerer Kontrast zur Zerstörung durch Kriege und Krisen sein, als zu sehen, wie ein Samen keimt, wie die ersten Blättchen sprießen, wie die Pflanze größer wird, langsam ihren Charakter entwickelt, zu einem Kraut, Strauch oder Baum wird?

Die Vorbesitzer von Sota la Quinta hatten einen kleinen Gemüsegarten östlich des Hauses angelegt. Auf dem kleinen Feld vor dem Haus pflanzten sie offenbar Kartoffeln, und auf den beiden größeren Äckern, die durch den Zufahrtsweg geteilt werden, bauten sie Luzerne als Viehfutter für die Nachbarn an. Gut zwei Hektar wollten bewirtschaftet werden. Der Gemüsegarten blieb Gemüsegarten. Auf den beiden Äckern ließ ich von einem benachbarten Bauern Heu machen. Dann suchte ich nach Ideen für das Feld vor dem Haus. Weil ich weiterhin viel reiste,

brauchte ich einen Ansatz, der wenig Zeit erfordert. Schließlich entdeckte ich Martin Crawfords Buch *Creating a Forest Garden*. Der Waldgarten, lernte ich damals, produziert seine eigenen Nährstoffe und erfordert, einmal etabliert, wenig Arbeit. Das, dachte ich mir, mache ich auch, und pflanzte die ersten Bäume: Granatäpfel und Pfirsiche. Aber es wurde dann doch einiges mehr an Arbeit als geplant.

Auch ein Obstbaum braucht in der ersten Zeit Zuwendung, wie ich merken musste. Wildschweine gruben die frisch gepflanzten Bäume präzise aus, Rehe und Hasen zerfraßen die Rinde. Also mussten Zäune gesetzt und Bäume nachgepflanzt werden. Und doch hatte mich eine Leidenschaft gepackt. Mit jeder Pflanzung, mit jedem abgeschlossenen Projekt kamen neue Ideen. Ich las mir mehr Wissen an, vertiefte mich in Studien und begab mich abends in den YouTube-Garten-Strudel. 2019 zäunte ich dann mit Hilfe dreier Freiwilliger einen der beiden großen Äcker ein und pflanzte in großer Naivität Oliven an. Wie sich bald herausstellte, hielt der grobmaschige Zaun weder Wildschweine noch Rehe ab, und ich musste lernen, dass Olivenblätter für gewisse Vögel offenbar eine Delikatesse sind. Oliven werden hier im Vall de Llémena traditionell nicht angebaut, und die Nachbarn erklärten mir oft und gerne, dass das Klima zu kühl und zu feucht sei. Aber für mich waren sie eine Pflanzung für eine heißere, trockenere Zukunft. Allerdings kam die Hitze nicht so schnell wie befürchtet, und die Oliven litten unter einem feuchten, kalten Winter.

Martin Crawford ist ein Nerd. In seinem Buch hat er detailliert aufgeschrieben, in welchem Abstand man wie hohe Bäume in welchem Winkel zur Sonne pflanzt; wie man den Nährstoffbedarf berechnet und wie man diesen durch bestimmte Bäume, Büsche oder durchs Pinkeln decken kann. Um sein Denken zu verstehen, hilft es, sich seine Biografie anzuschauen.

Crawford wuchs in und um London auf. Er studierte in den 80er-Jahren Informatik. Seinen ersten Job hatte er in der damals noch jungen Computerindustrie, aber er merkte schnell, dass seine Leidenschaft eine

Unser junger Waldgarten im Frühjahr

andere ist. Er begann, für Gemüsebauern zu arbeiten, und zog in den frühen 90er-Jahren in die Grafschaft Devon in die Nähe des idyllischen Städtchens Totnes mit seinen reetgedeckten Fachwerkhäusern. Dort baute er Gemüse für den lokalen Wochenmarkt an, ohne künstlichen Dünger, ohne Pestizide.

Totnes war schon damals eine Hochburg des Ökoanbaus. Heute drängen sich im Stadtzentrum diverse Bio-Einkaufsläden, Drogerien mit lokal produzierter Biokosmetik, Buchhandlungen, die sich auf Umweltthemen spezialisiert haben, und mehrere Farm-to-Table-Restaurants. Selbst der Bestatter wirbt mit kompostierbaren Ökosärgen und der Reinkarnation als Baum. Auf den Feldern um die Stadt reiht sich ein progressives Landwirtschaftsprojekt an das nächste. Kurz: Eigentlich war es der perfekte Ort, um Biogemüse zu verkaufen. Doch für Crawford war es desillusionierend. Er kehrte an den Markttagen mit Kisten voller Gemüse zurück, das völlig in Ordnung war, aber nicht den unrealistischen, ästhetischen Ansprüchen der Marktgänger genügte.

Die Arbeit als Marktgärtner ist repetitiv und zeitaufwendig. Während er die langen Reihen von Karotten vom Unkraut befreite, blieb ihm viel Zeit zum Nachdenken. Er las Texte des Wissenschaftlers, Umweltschützers und Zukunftsforschers James Lovelock, der eine Woche vor meinem Besuch bei Crawford im Alter von 103 verstarb. Lovelock ist vor allem mit der Gaia-Hypothese bekannt geworden. Danach sind die Erde und ihre Biosphäre, ist also der Raum, in dem Leben existiert, ein selbstständiger, selbstregulierender Organismus. Lovelocks Ideen prägten Crawford. Er suchte den Kontakt zu ihm, freundete sich mit ihm an und wurde schließlich zum Direktor von Lovelocks Organisation Gaia.

Lovelock warnte schon damals vor den gefährlichen Folgen des Anstiegs der Kohlenstoffdioxid-Konzentration in der Atmosphäre, warnte vor der Chimäre grünen Wachstums. Crawford wurde bewusst, dass wir auf ein enormes ökologisches Problem zusteuern und dass es ein radikales Umsteuern braucht. Aber wenn selbst die Menschen im Ökostädtchen Totnes keine krummen Zucchini kaufen wollten, wie konnte er dann wirklich nachhaltig anbauen?

Zur gleichen Zeit stieß er auf die Arbeit des britischen Landwirts Robert Hart. Der Weltkriegsveteran arbeitete zunächst als Milchbauer, sattelte dann auf Marktgärtnerei um, fand aber, dass ihm die Arbeit mit einjährigem Gemüse zu aufwendig war. Er entdeckte mehrjähriges Gemüse für sich und begann damit zu experimentieren. Aus diesen Experimenten entstand schließlich das Konzept des Waldgartens.

Crawford besuchte Hart in seinem Garten, lernte von ihm, gab die Marktgärtnerei auf, pachtete ein Stück Weideland auf dem Grund des gemeinnützigen Dartington Trusts am Rande von Totnes und pflanzte die ersten Erlen. Seine Frau arbeitete damals an einer Universität in der Nähe und sicherte ihr finanzielles Auskommen, während er Briefe und Faxe in die USA und nach Japan schrieb, um Saatkataloge zu bestellen, Samen vorzog und jahrein, jahraus pflanzte. Zuerst die Bäume und dann Sträucher. Wenig Pflanzen gediehen hier nicht. »Ich habe Akazien als Stickstoffbinder gepflanzt«, erinnert sich Crawford. »Die sind alle vom Frost dahingerafft worden. In den frühen Jahren hatten wir oft minus zehn, minus zwölf Grad im Winter.« Heute würden sie wohl überleben. »Wir sind in den vergangenen Jahren nicht mal in die Nähe von minus zwölf gekommen.«

Ich habe nicht die Geduld, die Crawford aufgebracht haben muss, habe Büsche und Bäume bestellt und teils nach Plan, teils nach spontaner Eingebung auf einem halben Hektar meines Landes gepflanzt – und habe viele Rückschläge einstecken müssen. Wenig Arbeit ist so ein Waldgarten vielleicht, aber vor allem in den Anfangstagen eines solchen Projektes ist es wichtig, dass man ein Auge darauf wirft. Neben Wildschweinen, Hasen, Rehen und Wühlmäusen stellen auch heiße, trockene Perioden eine Gefahr für die Pflanzen dar. Glücklicherweise fand sich ein Paar, das von einem Leben auf dem Land träumte und dem wir im Gegenzug für Gartenarbeit das Apartment in unserem Haus zur Verfügung stellten.

Ich fand eine neue Partnerin, Catharina, die mit dem Ende ihres Studiums mehr Zeit auf Sota la Quinta verbringen konnte, und wir planten und pflanzten immer mehr gemeinsam. Aber im Herbst 2021 kam ein Punkt, an dem ich mich fragte, was ich hier eigentlich mache. Es war mehr als Rückzug und Zeitvertreib, aber für ein kommerzielles Projekt fehlte mir die Zeit. Außerdem schien es mir in Spanien noch komplizierter, mich im Gewirr von Gesetzen, Regulation und Förderungen zurechtzufinden.

Es gibt die japanische Idee des Ikigai. Ikigai ist das, wofür es sich zu leben lohnt. Das wird oft – und vermutlich vereinfachend – in einem Venn-Diagramm mit vier Kreisen dargestellt: »Was du liebst«, »Worin du gut bist«, »Wovon du leben kannst« und »Was die Welt braucht«. Wo sich diese vier Kreise überschneiden, liegt das Ikigai. Bei mir steht in den vier Kreisen: Gärtnern; Fotografieren und Schreiben; nochmals Fotografieren und Schreiben und viele Lösungen für die Klima- und Artenkrise. Mein Ikigai ist dieses Buch. Ich kann gärtnern und ausprobieren, ich kann meinen Beruf weiter ausüben, ich werde dafür bezahlt, und die Welt braucht die Ideen, die darin stecken. So schaue ich jetzt von meinem Schreibzimmer auf den Garten und denke darüber nach, was man davon lernen kann.

Amselpärchen picken Regenwürmer und anderes Getier aus dem Boden. Die Pfirsichbäume blühen in prächtigem Pink. Wir haben sie vor fünf Jahren gepflanzt. In diesem Sommer sollten sie das erste Mal reich tragen. Unser Garten hat über die vergangenen Jahre eine immer klarere Struktur bekommen. Wir haben Hochbeete gebaut, Spaliere für Himbeeren und Johannisbeeren und Rankbogen für Kiwis und Fingerblättrige Akebie errichtet, deren Blätter nach Schokolade riechen und deren Früchte nach Melone schmecken. An den Küchengarten mit einjährigem Gemüse schließt nun ein kleines Gewächshaus an, in dem wir Samen vorziehen können. Daneben haben wir ein Gartenhaus für Geräte, Erden, Anzuchtplatten und Werkzeuge gebaut. All diese Arbeiten, die Anzucht und Pflege einfacher machen, stehen jeden Winter an.

Die Hochbeete sind ein Kompromiss. Sie widersprechen dem Waldgartenprinzip, weil die Versorgung mit Nährstoffen durch andere Pflanzen schwieriger wird, aber dafür kann man sie von unten mit Gittern gegen Mäuse versehen. Noch im vergangenen Jahr haben Wühlmäuse unsere Gemüseernte erheblich dezimiert. Pflanzen mit dicken Wurzeln oder Knollen wie Chicorée, Mangold oder Kapuzinerkresse sind offenbar eine Delikatesse für die Tiere, während sie Spargel oder Erdbeeren verschonen. Also finden Erstere ein sicheres Zuhause in den Hochbeeten, während Letztere direkt im Boden bleiben.

Eines der ersten Gemüse der Saison ist mehrjähriger Brokkoli. Es scheint, als sammele er über den Winter Kraft, um dann an den ersten warmen Tagen Sträuße dunkelvioletter Blütenknospen sprießen zu lassen. Sie sind zarter als die dicken Brokkoli, die wir in deutschen Supermärkten kaufen können, und schmecken kurz angebraten, mit Zitrone beträufelt und einer Prise Maldon-Salz wunderbar. Der Rhabarber, eine Seltenheit in Spanien, bildet langsam riesige Blätter mit dicken Stielen, die sich aus seiner Mitte herausfalten. Eingekocht mit Streuseln und Vanillesauce ist er eine perfekte Komposition.

Die Beschäftigung mit diesem Garten hat mir eines bewusst gemacht: Wir können dem Klimawandel, dem Verlust der Biodiversität und der sozialen Verödung des ländlichen Raumes nicht Herr werden, ohne unsere Landwirtschaft neu aufzustellen. Egal ob konventionell oder ökologisch, sie heizt die Klimakrise an, ist für 17 bis 23 Prozent der jährlichen Treibhausgasemissionen verantwortlich. Werden Wälder oder Prärien für Ackerflächen gerodet, gehen 30 bis 40 Prozent des gespeicherten Kohlenstoffs verloren. Zwei Drittel der weltweiten eis- und wüstenfreien Landflächen nutzen wir für Landwirtschaft. Darauf stehen vor allem Monokulturen, die Biodiversität zerstören, die für unser Überleben ebenso wichtig ist wie ein Ende der Klimaerhitzung. Und in ihrer jetzigen, industrialisierten, mechanisierten Form zerstört sie auch soziale Strukturen auf dem Land – dafür ist nicht nur Sota la Quinta Zeugnis, sondern auch Tausende überalterte, entvölkerte Dörfer von Andalusien bis Brandenburg.

Allein eine uralte landwirtschaftliche Praxis ist nach Schätzungen für bis zu 20 Prozent des von Menschen emittierten Kohlenstoffdioxids in der Atmosphäre verantwortlich: das Pflügen – bis zu drei Tonnen pro Hektar setzt es falsch eingesetzt frei und zerstört dabei das Leben unter der Oberfläche. In gesunden Böden finden sich pro Hektar fünf Tonnen

Insekten, Mikroorganismen, Bakterien und Pilze. Sie gehen eine Symbiose mit den Pflanzen ein, die aus der Oberfläche sprießen. Die mangelnde Unterstützung aus dem Boden gleicht die Landwirtschaft mit Dünger und Pestiziden aus.

Meine kleine, experimentelle Gärtnerei hat mir eine erste Idee davon gegeben, dass es Wege gibt, unsere Landwirtschaft nachhaltiger zu gestalten. Mehrjähriger Anbau, wie ich ihn inspiriert durch Crawford in meinem Garten praktiziere, kann etwa den Pflug umgehen: Artischocken, Spargel, Chicorée und Dutzende andere Gemüsesorten können für Jahre im Boden bleiben und geerntet werden. Zudem sorgen Pflanzen wie Sanddorn, Beinwell oder Klee für Nährstoffe. Tierischer oder künstlicher Dünger, der aus fossilem Gas gewonnen wird, wird nicht benötigt – zumindest in der Theorie und hoffentlich bald auch nicht mehr in meinem eigenen Garten.

Vor allem im Kampf gegen die Klimakatastrophe und ihre Folgen ist die Landwirtschaft einer der größten Hebel, der uns verblieben ist. »Nachhaltiges Land-Management«, schreibt der Weltklimarat (Intergovernmental Panel on Climate Change, IPCC), »kann die nachteiligen Auswirkungen des Klimawandels auf die Bodendegradation mitunter umkehren.« Im Boden, genauer gesagt im Bodenkohlenstoff, dem Humus, liegt der Schlüssel. Global wird viermal so viel Kohlenstoff als Humus im Boden gespeichert, wie in Form von Kohlenstoffdioxid in der Atmosphäre vorhanden ist. »Trotz hoher Unsicherheiten in der globalen Datenbasis ist unbestreitbar, dass das theoretische Potenzial zur Steigerung von Bodenkohlenstoff global groß ist und theoretisch die gesamten anthropogenen Treibhausgasemissionen zumindest vorübergehend kompensieren könnte«, heißt es in einem Paper des Thünen-Instituts für Agrarklimaschutz.

Wir unterscheiden üblicherweise zwischen konventioneller und ökologischer Landwirtschaft. Allerdings ist an dieser konventionellen Landwirtschaft wenig konventionell. Es ist ein Euphemismus. Was wir darunter verstehen, gibt es erst seit dem Ende des Zweiten Weltkrieges. Mit Hilfe von synthetischem Dünger, Pestiziden, Herbiziden, hochgezüchteten Monokulturen, Maschinen und Antibiotika – sogenannten Inputs – hat sie mit billigen Lebensmitteln im Überfluss die Grundlage für unseren momentanen Wohlstand geschaffen. Die Kosten dafür bekommen wir langsam zu spüren. Konventionell ist das nicht. Industrielle Landwirtschaft trifft es besser, chemische Landwirtschaft, wenn man sie von ökologischer abgrenzen will.

Wenn ich von konventioneller Landwirtschaft schreibe, fasse ich darunter auch gewisse Formen der Biolandwirtschaft. In der Definition der am meisten verbreiteten Zertifikationsstellen bedeutet »bio« den Verzicht auf künstlichen Dünger, auf die meisten Unkrautvernichtungs- und Schädlingsbekämpfungsmittel und auf Gentechnik. Aber das heißt nicht, dass das unbedingt nachhaltig ist. Biotomaten im tiefsten Winter, Gemüseanbau durch Plastikfolien: All das ist »bio« aber nicht nachhaltig.

In den vergangenen Jahren ist eine Bewegung nach Europa gekommen, die sich regenerative Landwirtschaft nennt. Als ich die Idee für dieses Buch hatte, war mir noch nicht bewusst, was für einen Boom sie hier gerade erlebt. Dahinter steht die Idee, den durch Landwirtschaft verursachten ökologischen Schäden wie Klimawandel und Artensterben mit nachhaltigeren landwirtschaftlichen Praktiken entgegenzuarbeiten und dabei produktiv zu bleiben. Sehr vereinfacht gesagt, setzt konventionelle Landwirtschaft auf Ertragsmaximierung, ökologische Landwirtschaft will darüber hinaus möglichst wenig Schaden in der Natur verursachen. Regenerative Landwirtschaft sagt, das reicht nicht: Wir wollen nicht nur erhalten, wir wollen verbessern, was wir vorgefunden haben. In jeder Ecke Europas entstehen kleine und große Projekte, die sich darum bemühen, klimaschonend, nachhaltig und regional anzubauen. Selbst der amerikanische Getränkeriese Pepsi setzt seit Kurzem Hoffnung darauf und plant innerhalb seiner Lieferkette, auf drei Millionen Hektar regenerative Landwirtschaft zu etablieren.

Aber es gibt keine einheitliche Definition regenerativer Landwirtschaft. Manche verstehen darunter eine Reihe konkreter Techniken, andere eine Philosophie. Manche nutzen diese Techniken auf ihrem Biobetrieb, andere arbeiten konventionell. Forscher und Forscherinnen der Universität Wageningen haben versucht, eine einheitliche Definition des Begriffes auszumachen. Ihr Ergebnis: Unterschiedliche Akteure nutzen den Begriff im Sinne ihrer eigenen Ideen und Interessen.

Der Begriff »regenerative Landwirtschaft« wurde zuerst vom amerikanischen Rodale Institute genutzt. Gegründet vom Verleger Robert Rodale, betreibt das Institut seit 75 Jahren Forschung zu ökologischer Landnutzung. In den späten 80ern brachte es Bücher zur regenerativen Landwirtschaft heraus. »Ich bin mit dem Begriff ›Nachhaltigkeit‹ nicht zufrieden«, sagte Rodale damals. »Ich glaube, der Durchschnittsbürger hat keine Ambitionen, in einer gleichbleibenden Umwelt zu leben, sondern in etwas, das wächst und sich verbessert. Ich glaube, die Idee einer Regeneration trifft auf mehr Anklang.« Die kommenden zwei Jahrzehnte blieb es jedoch ruhig um den Begriff und die Idee.

2020 dann machte der Dokumentarfilm *Kiss the Ground* die Idee einem größeren Publikum bekannt *Kiss the Ground* wurde vom amerikanischen Schauspieler Woody Harrelson eingesprochen und vom brasilianischen Model Gisele Bündchen und Julian Lennon, dem Sohn von John Lennon, produziert. Darin erzählt etwa der Farmer Gabe Brown, wie er seinen Betrieb vor dem Ruin gerettet hat, indem er auf den Pflug verzichtet, Zwischenfrüchte angepflanzt und mit Vieh Nährstoffe im Boden aufgebaut hat. Es sind bis heute die gängigsten Praktiken unter dem, was als regenerative Landwirtschaft verstanden wird.

Der australische Landwirt und Autor Charles Massy beschreibt in seinem Buch *Call of the Reed Warbler* – auf Deutsch etwa »Der Ruf des Teichrohrsängers« – fünf Funktionen, die das Land in der regenerativen Landwirtschaft erfüllt: Dazu gehören Solarenergie, Wasserzyklus, Bodenmineralzyklus, Biodiversität und der soziale Aspekt. Innerhalb dieser fünf Funktionen will die regenerative Landwirtschaft von einem Modell, das unsere Umwelt ausbeutet und dabei Boden, Land und soziale Gefüge zerstört, zu einem Modell werden, das nicht destruktiv und konservativ, sondern konstruktiv mit der Umwelt umgeht.

Für die Funktion Solarenergie bedeutet es, dass das Land möglichst viel Sonnenenergie aufnimmt und mit Hilfe dieser Energie Kohlenstoffdioxid spaltet, Sauerstoff in die Atmosphäre abgibt und Kohlenstoff im Boden anreichert. Für den Wasserzyklus bedeutet es, dass Grundwasser aufgefüllt statt abgepumpt und gereinigt anstatt verschmutzt wird. Für den Bodenmineralzyklus bedeutet es, dass Mineralien im Boden angereichert anstatt ausgeschwemmt werden. Für die Biodiversität sind weniger Monokultur und mehr Schutz- und Lebensräume für wilde Flora und Fauna wichtig. Und für den menschlich-sozialen Aspekt, dass Menschen nicht nur als Wochenendflucht vor der Hektik der Großstadt aufs Land ziehen, sondern weil sie respektvoll mit dem Land arbeiten wollen.

Einige der Ideen der regenerativen Landwirtschaft gehen bis in die 50er-Jahre zurück. In ihr sind Ansätze aus den Vereinigten Staaten, Australien und Südafrika vereint, wo Landwirte schon immer mit extremem Klima umgehen mussten. Aber weil auch in Europa das Klima immer extremer wird, hat der Ansatz in den vergangenen fünf Jahren einen unvergleichlichen Boom erlebt. Von Spanien bis Ungarn sprießen kleine und große Projekte aus dem Boden. Riesige Betriebe werden umgestellt, und Rinder- und Schafhirten versuchen, anderen Landwirten ihre regenerativen Dienste anzubieten.

Aber am Ende sind Begrifflichkeiten irrelevant. Ich will verstehen, was funktioniert und was nicht. Herausfinden, was ich auf Sota la Quinta im Kleinen anwenden kann und was ich lassen sollte. Und, vor allem, was wir im Großen umsetzen müssen. Denn, wie es einer meiner Gesprächspartner ausdrückt, die konventionelle Landwirtschaft ist die »Fortführung der Katastrophe«.

WASSER
LA JUNQUERA UND DER ANBAU IN PERMANENTER DÜRRE

Von der Küste in der Nähe der südspanischen Stadt Murcia fahre ich in Richtung Landesinneres. Die Straßen winden sich bis auf 1100 Meter entlang scheinbar endloser Mandelplantagen, die in zunehmender Höhe langsam durch Weizenfelder abgelöst werden. Es geht in eine Hochebene im Südosten Spaniens. Sie ist im Nordwesten vom bewaldeten Gebirgszug Sierra de Cazorla und im Südosten vom kargen Gebirgszug Sierra María-Los Vélez eingefasst. Der Gegensatz zum prosperierenden Katalonien im Norden Spaniens könnte kaum größer sein. Die Straßen sind in miserablem Zustand. Die Dörfer erscheinen verlassen, viele der Fincas sind nur noch Ruinen. Dabei ist die Landschaft wunderschön und einmalig in Europa: offene, weite Täler, umringt von sanften Hügeln, von keinem Zaun durchschnitten. Die Vegetation ist sattgrün, ganz anders, als ich mir Südspanien vorgestellt habe. In diesem Frühjahr hat es so viel geregnet wie selten zuvor.

Zusammen mit meinem Hund Omali bin ich auf dem Weg in den Weiler La Junquera, einer Ansammlung von einem Dutzend Steinhäusern und einer Handvoll Wirtschaftsgebäuden. Ein Teil der Steinhäuser ist wiederaufgebaut, von anderen stehen nur noch die Grundmauern. Am Fuße des Weilers liegt eine Quelle, die seit Jahrtausenden Grundlage für die Landwirtschaft in dieser eigentlich regenarmen Gegend ist.

Hier leben Yanniek Schoonhoven und Alfonso Chico de Guzmán mit ihren beiden Kindern. Ihr Hof trägt denselben Namen wie das Dorf – La Junquera.

Das Klima hier ist geprägt von Kontrasten. Jetzt im Mai ist es grün, überall blühen Wildblumen. Innerhalb der nächsten Wochen wird die harsche Sonne die Landschaft gelb und trocken brennen. Im Herbst kommen dann Regen und Stürme. Und im Winter wird der Schnee dem Land ein weißes Kleid überziehen. In einem normalen Jahr fallen hier gerade 300 Liter pro Quadratmeter – weniger als halb so viel wie bei uns im Norden des Landes. Die Gegend gilt als semiaride, das heißt, dass einen großen Teil des Jahres mehr Wasser verdunstet als niedergeht.

Die vergangenen Jahre haben uns gezeigt, dass wir selbst in Deutschland unter ausbleibendem Regen leiden. Der Zustand der Wälder in Deutschland ist deshalb so schlecht wie nie seit dem ersten Waldschadensbericht aus dem Jahr 1984. Nur gut 21 Prozent der Bäume sind gesund. Landwirte klagen über Ernteausfälle durch ungewöhnlich lange Trockenperioden. Im Dürrejahr 2018 brach der Weizenertrag pro Hektar in Deutschland um 10 Prozentpunkte ein. Mit fortschreitendem Klimawandel wird sich das Problem weiter verschärfen. Daher will ich von Schoonhoven und Guzmán lernen, wie man mit dem Wassermangel umgeht. Dass ich ausgerechnet zu einer Zeit hier bin, in der es außergewöhnlich viel Wasser gibt, ist eine kleine Ironie dieser Reise.

Ich treffe die beiden auf einem sanft abfallenden Weinberg. Die Reben sind noch jung. Im Jahr zuvor gepflanzt, schauen sie vielleicht eine Handbreit aus dem kargen steinigen Boden. Kaninchen haben ein paar Hundert der knapp 10 000 neu gepflanzten Reben angefressen und so dahingerafft. Schoonhoven, Guzmán und ein Dutzend Freiwillige und Angestellte ersetzen die vertrockneten Pflanzen. Yanniek Schoonhoven trägt Jeans und eine weiße Bluse mit Spitzen, hat blonde Haare. Guzmán trägt Schiebermütze und blaues Karohemd, ist freundlich, aber zurückhaltend, und überlässt ihr die meisten Worte.

Die Landschaft um La Junquera

Früher machten Handelsreisende mit ihren Kutschen an der Quelle unterhalb des Dorfes La Junquera Rast. Seit 1892 sind 1100 Hektar im Besitz der Familie Guzmán. Anfangs bauten sie Hanf und Espartogras für Schiffstaue an. Als die Nachfrage danach zurückging, sattelten sie auf Weizen um. Die Anbauperiode ist hier sehr kurz und beschränkt die Möglichkeiten. Weizen wächst schnell und braucht vergleichsweise wenig Wasser. Daher lag dessen Anbau nahe.

Als dann die industrielle Landwirtschaft in den 60er-Jahren Einzug hielt, zogen die Menschen von hier weg. Große Maschinen, Dünger, Pestizide verlangen mehr Fläche und weniger Menschen. Die Population von La Junquera fiel bis Ende des Jahrzehnts von 120 auf null. Auch die Familie Guzmán zog weg, bestellte das Land aber weiter, pflügte, düngte, säte, sprühte, erntete jahrein, jahraus aus der Distanz. Kurzfristig brachte das gute Erträge und war einfach umzusetzen. Aber über die Jahre machte die Erosion es immer schwieriger. Wenn es hier einmal regnet, dann heftig. Das bedeutet noch mehr Erosion, weil ausgetrockneter Boden starken Niederschlag nicht aufnehmen kann. Die kargen Felder verwandelten sich langsam, aber stetig in eine Gerölllandschaft.

Guzmán, geboren in den frühen 80ern, wuchs in Madrid auf. Die Sommer verbrachte er mit seiner Familie auf La Junquera. Er sah dabei zu, wie das Land immer weiter degradierte. Er wollte das ändern, aber dazu musste er Geduld aufbringen. Sein Großvater war Patriarch der Familie, traf die Entscheidungen, aber als Guzmán alt genug war, den Betrieb zu übernehmen, litt der Großvater an Demenz. »Wir brauchten seine Erlaubnis, um hierhin zu kommen. Aber die konnte er uns nicht mehr geben, weil er nicht mehr klar denken konnte«, erinnert sich Guzmán. Als der Großvater starb, wandte sich Guzmán von Madrid ab, der Einöde La Junqueras zu und begann mit der Arbeit. Er stellte 2010 auf biologische Landwirtschaft um, baute eine der Ruinen zu einem bescheidenen Wohnhaus um, zog 2012 hierhin und überlegte sich, wie er dem ausgemergelten Land wieder etwas zurückgeben konnte.

Er begann, Praktiken der regenerativen Landwirtschaft zu ergründen, und werkelte fünf Jahre mit ein paar Verbündeten an einer entsprechenden Umstellung von La Junquera. Dann stand Schoonhoven vor der Tür. 2017 besuchte sie für ein Forschungsprojekt Höfe in Europa, die auf regenerative Landwirtschaft umstellten, um zu verstehen, welche Hürden sie dabei überwinden müssen. La Junquera war eine Station auf ihrer Reise. Sie verliebte sich in das Land – und in dessen Besitzer.

»Ich bin vor fünf Jahren hierhin gekommen und nie mehr gegangen«, erzählt sie.

»Ich war auf der Suche nach einer Frau aus dem Norden«, sagt Guzmán halb im Scherz. »Es war sehr leicht, jemanden zu finden, sie kam einfach hierher.«

»Du hattest wirklich das ganze Glück der Welt«, antwortet sie.

Hier im Süden Spaniens, sagt er, ist es beinahe unmöglich, eine Partnerin zu finden, die sich auf das Landleben einlässt. Landwirtschaft ist kein romantischer Traum von Freiheit, sondern bedeutet harte Arbeit

Yanniek Schoonhoven und Alfonso Chico de Guzmán mit ihrem Hund Taiga

und soziale Entbehrungen. Vielleicht braucht es einen gewissen Wohlstand, um dem etwas abzugewinnen.

»Wir haben uns gedacht, vielleicht können wir das gemeinsam zum Laufen bringen«, sagt sie. Also haben sie eine Vision entwickelt, Leben zurück nach La Junquera zu bringen – in den Boden, in die Landschaft und in die Häuser. Er kümmert sich vor allem um den landwirtschaftlichen Teil, sie um die vielen anderen Aspekte wie Pressearbeit und die Workshops, in denen sie ihr Wissen über regenerative Landwirtschaft vermitteln.

Die Umstellung auf regenerative Praktiken auf La Junquera geht Schritt für Schritt voran. Sie bauen weiterhin Weizen an, das ist das finanzielle Rückgrat des Betriebs. Dazu kamen Mandeln, Pistazien, Äpfel, Kräuter, Gemüse und die beinahe ausgestorbene lokale Rinderrasse Murciana Levantina, von der es weltweit nur noch 30 Tiere gibt – von denen 25 hier leben. Zwischen den Feldern schaffen sie Lebensraum für Wildtiere, renaturieren Hänge, forsten auf – und geben ihr Wissen weiter.

Auf dem Weinberg helfen Studierende der Universität Wageningen aus den Niederlanden, Familienmitglieder von Schoonhoven, eine Handvoll Angestellte und ein Traktorfahrer aus der Nachbarschaft. Schoonhoven und Guzmán arbeiten mit einer Winzerin zusammen, die Naturweine aus lokalen Rebsorten produzieren will. An diesem Hang kann ich sehen, wie sie in La Junquera mit der raren Ressource Wasser umgehen. Deshalb bin ich schließlich hier. Das Problem in Spanien ist nicht nur, dass es wenig Wasser gibt, sondern auch, dass das wenige Wasser belastet ist. »Es ist einer der wenigen Orte in dieser Gegend, der noch trinkbares Grundwasser hat«, erzählt Schoonhoven über die Quelle in La Junquera. »Die meisten anderen Quellen sind verschmutzt. Die Menschen müssen Wasser importieren.«

Schoonhoven leitet ihre Helfer an, lebende von toten Jungreben zu unterscheiden. Die Pflanzen müssen von Anfang an nur mit dem auskommen, was das Wetter bringt. Es gibt keine Bewässerung hier. Dabei ist bereits die zweite Maiwoche angebrochen. Der Boden erscheint mir schon jetzt trocken, und ich wundere mich, dass sie so spät im Jahr und ausgerechnet nach der regenreichen Periode pflanzen. Pflanzratgeber sagen meist, dass man in kühlen, feuchten Wochen pflanzen sollte, damit die Wurzeln Zeit haben, von Erdreich umspült zu werden. Dann haben sie in den heißen Monaten guten Kontakt zum Boden und können voranwachsen. März und April etwa gelten oft als gute Monate. Daran habe ich mich gehalten, soweit es ging. Aber Guzmán versichert mir, dass genau jetzt der richtige Zeitpunkt sei. »Der Verkäufer hat gemeint im Mai. Ich habe ihm gesagt: ›Wir haben trockenes Land.‹ Er meinte: ›Mai‹«, sagt Guzmán. »Vergangenes Jahr haben wir im Mai gepflanzt, und es hat ziemlich gut funktioniert. Es scheint, als seien die dürretoleranter als alles, was wir sonst hier pflanzen.« Für die Reben scheint es besser, in stabiler Hitze stetig zu wachsen, als in wechselndem Wetter Gefahr zu laufen, junge Triebe von späten, unerwarteten Frösten schädigen zu lassen.

Die Helfer befreien die Reben vom Unkraut und ersetzen die verdorrten Pflanzen. Ich helfe ein wenig mit. Schoonhoven reicht mir Handschuhe, damit ich auch die Disteln greifen kann. Währenddessen erklärt sie mir, was sie hier vorhaben. »Wir planen, diesen Weinberg komplett regenerativ zu machen«, sagt sie. »Wir wollen den Boden mit Pflanzen bedecken. Wir haben alle Arten von Hecken gepflanzt.« Ich schaue mich suchend um. »Die sind noch sehr klein, daher kaum zu sehen. Die sind für die Biodiversität. Und wir schaffen Orte für Raubvögel, die den Weinberg schützen sollen.« So wollen sie das Kaninchenproblem in den kommenden Jahren in den Griff bekommen.

Es ist eine Lösung, die Landwirtschaft als Teil eines größeren Systems sieht, in dem wilde und kultivierte Bereiche voneinander profitieren. Manchmal stößt die Idee an ihre Grenzen. Bei Wildschweinen etwa funktioniert das nicht mehr. Wir haben den Wolf, den einzigen Fressfeind des Wildschweins, in weiten Teilen Europas funktionell ausgerottet. Wildschweine konnten sich ungehindert ausbreiten und sind zu einem enormen Problem für Landwirte geworden. Deshalb hilft nur der Elektrozaun oder das Jagdgewehr. »Wir haben viel zu viele Wildschweine, weil wir die Wölfe getötet haben. Und dann ist man gegen die Jagd? Wie soll das funktionieren?«, fragt Schoonhoven.

Langsam erkenne ich, dass die Reihen der Reben den Konturen des Hangs folgen. Sie schauen aus der Luft betrachtet etwa aus wie die Höhenlinien auf einer Wanderkarte. »Wir versuchen, gerade Linien zu vermeiden. Die sehen nicht schön in der Landschaft aus. Aber in einem bergigen Areal sind sie auch nicht vorteilhaft. Wenn es nicht viel regnet, macht es mehr Sinn, entlang der Konturen zu arbeiten«, erklärt sie. »In geraden Linien verlierst du einen großen Teil des Wassers. Und du hast meist mehr Erosion.«

Die Reben sollen also nicht nur Trauben produzieren, sondern auch Wasser halten und lenken. Das passiert oberirdisch, indem das Gehölz Wasser lenkt, und unterirdisch, wo das Wurzelwerk Drainagen schafft.

Aber hier passiert mehr. Das Pflanzmuster orientiert sich zwar an den Konturen des Berges, aber es folgt nicht einfach den Höhenlinien, sondern arbeitet sanft gegen sie an.

Das Prinzip, das sie hier anwenden, nennt sich Keyline-Design. Es nutzt die Topografie der Landschaft, um Wasser im Boden anzureichern. Um das zu verstehen, hilft es, sich klarzumachen, wie Wasser und Landschaft interagieren: Wasser fließt immer in Richtung des geringsten Widerstandes, ohne Hindernisse also in Richtung der steilsten Abschnitte. Es sammelt sich am Ende im tiefsten Teil des Tals zwischen den beiden Hängen. Je weniger Hindernisse es gibt, desto schneller geht das, desto mehr Wasser geht verloren und desto mehr erodiert der Boden.

Vor allem hier in Spanien ist das ein Problem, weil alles zusammenkommt: magere Böden mit schlechter Struktur, aus denen die Feuchtigkeit schnell verdunstet; lange Trockenheit und heftige Regenfälle; bergiges Terrain, das das Wasser schnell abfließen lässt. Europaweit hat das Land mit am stärksten mit Erosion zu kämpfen. Drei Viertel der landwirtschaftlichen Flächen drohen zu verwüsten. Besonders dramatisch ist die Situation hier in der Gegend um Murcia. Auf La Junquera gingen in der Vergangenheit bis zu 40 Tonnen Boden pro Hektar und Jahr verloren. Der regenerative Ansatz soll das ändern.

Im konventionellen Anbau werden die Konturen der Landschaft oft ignoriert, und es wird schachbrettartig angepflanzt. Vor allem zu Anfang bedeutet das weniger Aufwand und einfacheren Einsatz von Maschinen. Wein wird beispielsweise oft mit Rankdrähten angebaut. Diese sind einfacher gerade über eine lange Strecke zu spannen, als wenn sie alle paar Meter um eine Kurve gelegt werden müssen. Wenn es aber regnet, stürzt das Wasser über den steilsten Teil des Hanges hinab in die Senke und nimmt Biomasse und Mineralien mit sich. Das Schachbrettmuster setzt dem nichts entgegen. Keyline-Design arbeitet im Gegensatz dazu gegen Wasserverlust und Erosion an.

Um das umzusetzen, muss man zuerst sogenannte Keypoints identifizieren. Wenn man sich zwei gegenüberliegende Hänge vorstellt, die aufeinander zulaufen, liegt zwischen den beiden Hängen ein Tal, das ebenfalls abschüssig ist. Den Punkt an der höchsten Stelle dieses Tals, dort, wo der seichte Anstieg des Tals in den steilen Anstieg der Hänge übergeht, bezeichnet man als Keypoint. Dort konzentriert sich Wasser. Man kann das in spätsommerlichen Weidelandschaften manchmal daran erkennen, dass es um die Keypoints noch grün ist, während der Rest der Weide schon vertrocknet ist.

Von diesen Keypoints gehen dann die Keylines aus. Sie sind die Konturlinien auf Höhe der Keypoints. Entlang und parallel zu diesen Keylines wird gepflanzt. Das Wasser verteilt sich dann ausgehend vom Keypoint über den Hang. So haben sie das auf diesem Weinberg gemacht. Will man den Effekt verstärken, legt man am Keypoint einen Damm an, um dort Wasser weiter zu konzentrieren.

Die Idee ist nicht neu. Im Gegenteil – sie hat ihren Ursprung in den späten 50er-Jahren und geht auf den Erfinder und Mineningenieur P. A. Yeomans zurück, der in Australien Lösungen für Landwirtschaft in extrem trockenen Gebieten suchte. Seit einigen Jahren wird die Technik auch in Europa angewandt, und sie scheint tatsächlich zu funktionieren.

In zwei Studien aus dem Jahr 2021 hat sich ein Team von mexikanischen Wissenschaftlern den Effekt von Keyline-Design auf Bohnenfeldern angeschaut. In der Region in Mexiko, in der die Studie durchgeführt wurde, ist Erosion ein enormes Problem. 75 Prozent der Anbauflächen leiden dort darunter. Deshalb ging es dem Team vor allem darum, Wege zu finden, Erosion zu minimieren. Sie teilten einen leicht abfallenden Acker auf. Einen Teil bepflanzten sie in geraden Reihen, den anderen parallel zu Keylines. Das Ergebnis: Im Teil mit den Keylines hatte der Boden etwa fünf Prozent mehr Feuchtigkeit und 33 Prozent weniger Erosion.

Auf La Junquera sind auch Mandel- und Pistazienhaine mit Keylines angelegt. Aber Schoonhoven und Guzmán konnten nur eine minimale Verbesserung gegenüber der Pflanzung entlang von Höhenlinien erzielen. Für den Laien ist der Unterschied kaum zu erkennen. Ein tatsächlicher Vergleich wäre enorm schwierig, weil jede Landschaft, jeder Boden seine eigenen Charakteristika hat, die den Wasserfluss beeinflussen. Für Schoonhoven und Guzmán ist ein entscheidender Vorteil, dass es einfacher ist, entlang von Höhenlinien zu pflanzen. Es braucht keine langen Studien des Wasserflusses, keine Markierung durch Pfosten – der Traktorfahrer kann einfach sein GPS anschmeißen und die Höhenlinien abfahren.

Doch das ist nicht die einzige Technik, mit der Schoonhoven und Guzmán das Wasser auf dem Land halten wollen. Schoonhoven deutet den Hügel aufwärts. Ich sehe eine kleine Erhebung. »Wir arbeiten mit Swales«, sagt sie – das sind Sickermulden, auch Rigolen genannt. Man kennt sie vielleicht aus dem Stadtbild – zwei, drei Meter weite Gräben, die an den Schrägen bewachsen und in der Senke mit Kies gefüllt sind. Sie stauen Regenwasser und geben ihm so Zeit, in den Boden zu versickern. In der Landwirtschaft eingesetzt, sollen sie den Boden mit Wasser sättigen und Wasser besser über die Anbaufläche verteilen.

Dieser Weinberg ist auch ein Kampf gegen den Wandel. Getreide ist das finanzielle Rückgrat von La Junquera, aber da kündigt sich ein Ende an. »Das Getreide scheint schon nicht mehr so gut zu wachsen«, sagt Schoonhoven. »Es braucht stabilen Niederschlag über das Jahr verteilt, und das hatten wir lange nicht mehr.« Was Schoonhoven zu diesem Zeitpunkt noch nicht weiß: In Spanien wird die Getreideernte in diesem Jahr von 20 Millionen Tonnen auf gut 18 Millionen Tonnen einbrechen. Im Jahr darauf wird sie weiter auf knapp 15 Millionen Tonnen zurückgehen. Es werden katastrophale Ernten.

Mandelbäume kommen besser mit erratischem Niederschlag klar. Aber es ist eine Ironie der Klimaerwärmung, dass sie in manchen Gegenden zu unerwarteten späten Frösten führen kann. Weil sich die Pole stärker erwärmen als der Rest des Planeten, gleichen sich die Temperaturen dazwischen immer weiter an. Das führt dazu, dass der Jetstream an Kraft verliert und instabiler wird. Man kann sich das wie einen Kreisel vorstellen, der langsamer wird und dadurch ins Schlingern gerät. Der instabile Jetstream wiederum bedeutet, dass kalte Luft einfacher von den Polen weg- und warme Luft zu den Polen hinziehen kann. Kältewellen bis weit ins Jahr hinein und Hitzewellen an den Polen sind die Folge. In La Junquera kamen wie bei uns auf Sota la Quinta unerwartet späte Fröste genau zur Zeit der Mandelblüte. »Im April haben wir die gesamte Mandelernte verloren«, erzählt Schoonhoven. »Im Jahr davor auch. Normalerweise hast du alle zehn Jahre ein schlechtes Jahr. Jetzt hatten wir zwei, drei hintereinander. Das ist am Limit. Wenn wir noch ein schlechtes Jahr haben, wird es schwer für uns, weiterzumachen.« Daher hoffen Schoonhoven und Guzmán auf Pistazien. Die kommen mit unregelmäßigem Regen klar und blühen später.

Schoonhoven deutet über die Felder des Nachbarn. »Schau, Geier«, ruft sie erfreut. Vier der aasfressenden Vögel kreisen am Himmel. Sie sind Zeichen eines gesunden Ökosystems. Auf einem Hang gegenüber dem Weinberg zieht ein Nachbar mit seinem Traktor seine Runden. »Der pflügt ständig«, sagt sie, und man kann ein wenig Frust aus ihrer Stimme heraushören. Ich frage Schoonhoven später, ob die Nachbarn ihnen vorwerfen, sie würden ihnen das Wasser stehlen. »Nein, die verstehen es nicht. Die glauben, dass wir Geld verschwenden.«

Während Guzmán zu den Kühen fährt, zeigt Schoonhoven mir die Ländereien. Wir setzen uns in einen alten Pick-up, der erst nach langem Vorheizen und viel Zureden anspringt. Taiga, eine riesige graue Dogge, legt sich quer über den Rücksitz, und Omali zwängt sich daneben. Schoonhoven fährt über die Schotterpisten zwischen den Feldern. Der Pick-up scheppert und wackelt. »Das Land hier ist so frei und weit«, sagt sie. »In vielen anderen Orten gibt es viele Zäune, viel ›Das ist mein, und das ist dein‹. Hier ist das nicht so.«

Wir fahren durch die Landschaft. Weizenfelder ziehen vorbei. »Das ist von den Nachbarn«, sagt Schoonhoven und zeigt auf ein Feld, das deutlich trockener aussieht als ihres. »In eurem stecken zehn Jahre Arbeit?«, frage ich. Schoonhoven nickt. »Wir fügen eine Menge Kompost zu. Und nachdem wir geerntet haben, lassen wir die Büschel stehen, anstatt Strohballen daraus zu machen. Die Büschel werden von Schafen gefressen.

Und wir pflügen erst, kurz bevor wir säen. Das ist anders als früher, als man mehrfach gepflügt hat.«

Der Pflug hat über Jahrtausende Landwirten das Leben leichter gemacht. Er tötet mechanisch Unkräuter ab und minimiert so die Konkurrenz für die Saat. Er tötet aber auch Leben im Boden – Würmer, Mikroorganismen, Pilze – und zerstört Strukturen, die dabei helfen, Wasser zu speichern. Zudem übt die Unterseite des Pfluges enormen Druck aus. Dadurch wird der Boden darunter komprimiert. Überdies schüttelt der Pflug feine Partikel nach unten, die dort verschmieren. Passiert das Jahr für Jahr, entsteht eine sogenannte Pflugsohle, also eine kompakte Bodenschicht, die Wasser und Wurzeln daran hindert, in tiefere Schichten vorzudringen. Die Pflugsohle fördert damit Erosion und behindert Nährstoffaufnahme. Zudem bedeutet ein gepflügter Boden mehr exponierte Erde, aus der Wasser leichter verdunstet.

Ob sie versucht haben, ganz auf den Pflug zu verzichten, frage ich. »In dieser Gegend scheint das nicht möglich. Der Wettbewerb mit Unkraut ist zu groß. Aber wir wollen es in diesem Jahr probieren. Wir haben eine vierjährige Rotation hier und wollen auf ein paar Feldern versuchen, Leguminosen direkt in die abgeernteten Weizenfelder zu pflanzen.« Leguminosen wie Esparsette, Lupine oder Ackerbohne binden Stickstoff aus der Luft. In den Boden eingearbeitet, stellen sie diesen – und andere Nährstoffe – dann anderen Pflanzen zur Verfügung. Gründünger nennt sich das und ist in der Biolandwirtschaft lange getestet und weit verbreitet. In der Gegend um La Junquera sind sie die Einzigen, die das machen. Um Pflugeinsatz zu reduzieren, kann man mit Leguminosen auch Unkräuter unterdrücken. Aber die Umstellung birgt das Risiko einer schlechten Ernte.

»Verhindert die Angst zu scheitern diese großen Umstellungen?«, frage ich.

»Ja, die meisten Farmer haben Kredite aufgenommen. Und wenn du die nicht abzahlen kannst, verlierst du die Farm, du verlierst dein Leben. Große Experimente sind einfach nichts, was Bauern machen. Das ist zu riskant. Du musst verdammt sicher sein, dass es funktioniert.«

»Ihr seid privilegiert, dass ihr dieses Land geerbt habt?«

»Ja, definitiv. Das sagen wir immer, wir haben das Glück, dass wir die Ressourcen haben, ausprobieren zu können. Deshalb fühlen wir uns da auch verpflichtet, Wissen an Menschen weiterzugeben, die diesen Luxus nicht haben.«

Wir halten am Fuße eines Hanges mit Mandelbäumen, die alle gleichzeitig gepflanzt wurden. Die linke Hälfte gehört zu La Junquera, die rechte einem Nachbarn. Der Unterschied ist eklatant: links Reihen entlang von Keylines, die sich organisch der Landschaft anpassen, rechts Schachbrettmuster. Links grün bedeckter Boden, rechts hellbraune, exponierte Erde. »Wir haben mehr Biodiversität«, sagt Schoonhoven. »Aber ehrlich gesagt, man sieht, dass unsere Bäume kleiner sind.«

Bodendecker sollen auch dafür sorgen, dass weniger Wasser verdunstet. Doch was in einer regenreicheren Gegend zu guten Ergebnissen führt, lässt sich nicht unbedingt auf die Bedingungen hier übertragen. »Es gibt nicht die eine Lösung, die immer funktioniert«, sagt sie. Im Sommer trocknen die Bodendecker weg, halten weder Wasser, noch kompostieren sie in der großen Trockenheit. Deshalb pflügen sie die Bodendecker im Frühjahr unter. »Die Leute erzählen dir, dass Bodendecker das Beste seien. Aber wir arbeiten hier seit Jahren. Wir probieren das aus.« Zwischen den Bäumen auf den Pflug zu verzichten, endete in einem Desaster. »Wir haben das versucht – und 700 Bäume verloren«, sagt Schoonhoven. »Wenn du so landwirtschaftest und Geld damit machen musst, gehst du bankrott.«

Richtig eingesetzt, löst das Pflügen im Frühjahr hier noch ein Problem. Der Boden in dieser Gegend hat wenig Biomasse – also Kohlenstoffverbindungen. Laut Berechnungen der amerikanischen Landwirtschaftsbehörde USDA kann in bestimmten Böden nur ein Prozent mehr Biomasse im Boden die Wasserhaltefähigkeit um 187 000 Liter pro Hektar erhöhen. Biomasse funktioniert wie ein riesiger Schwamm. Sie ist essenziell, wenn man sich auf lange Dürreperioden vorbereiten will.

Einen Boden, der reich an Biomasse ist, erkennt man daran, dass er dunkel und krümelig ist. Diese Biomasse entsteht durch Kompostierung von Pflanzenresten. Magerer Boden ist bleich und kompakt. Wenn magerer Boden austrocknet, reißt er auf und verkrustet. »Der Boden kann nicht atmen«, sagt Schoonhoven. »Das ist ein großes Problem hier.« Die Umwandlungsprozesse im Boden verlangsamen sich. Und wenn es dann regnet, kann Wasser nicht in die Tiefe dringen.

Ein magerer Boden produziert so gut wie keine Biomasse. Also muss man Biomasse einbringen, um den Prozess anzustoßen. Deshalb pflügen sie hier die Bodendecker ein. Und wenn einmal genug Biomasse im Boden ist, versuchen sie dann nach und nach auf den Pflug zu verzichten. Alles ist immer ein Kompromiss. Biodiversität ist gut, aber nicht alleiniges Ziel. »Du musst davon leben können, ansonsten haben wir keinen Grund, hier zu sein.«

Wir fahren an den Feldern vorbei, wo sie aromatische Pflanzen anbauen. Schoonhoven zeigt die Pfade von Wildtieren. »Offene Felder sind Furcht einflößende Orte für Wildtiere«, sagt sie. Hecken bilden Korridore, um Tiere aus den Feldern zu halten. »Das Feld dort war völlig nutzlos, bevor wir die Rigolen angelegt haben. Es hat nichts produziert. Es hatte viel Erosion, wirklich viel. Jetzt ist das gestoppt.«

Später geht es in ein einfaches Restaurant in einem öden Dorf zum Mittagessen. Die Sonne flirrt. Zwei Dutzend Freiwillige, Mitarbeiter und Kooperationspartner sind dabei. Es gibt Eisbergsalat mit rohen Zwiebeln und Dosenthunfisch, zur Hauptspeise Huhn oder Oktopus, dazu große Humpen Bier. Spanien ist einer der größten Bioproduzenten Europas. Doch das Gemüse, das man hier bekommt, ist meist konventionell und nicht sonderlich schmackhaft. »Wir haben versucht, unsere Produkte lokal zu verkaufen – unmöglich«, erzählt Schoonhoven. »Wenn du dir die Gegend hier anschaust, Murcia – es ist fast unmöglich, Biolebensmittel zu bekommen.« Der Preis bestimmt alles. Aber vielleicht ist das nicht verwunderlich in einer armen Gegend eines Landes, in der das durchschnittliche Monatsgehalt bei rund 1000 Euro netto liegt.

»Wir müssen mit einer Menge Menschen arbeiten, die nicht sehen, was wir machen. Sie sehen die Welt anders als wir.« Daher ist es auch schwierig, die Nachbarn zu überzeugen, umzustellen.

»Das Beste, was du machen kannst, ist zu zeigen, dass es funktioniert. Dann glauben sie dir«, sagt sie. »Aber du musst es wieder und wieder zeigen.«

»Aber den Nachbarn habt ihr noch nicht überzeugt?«

»Oh nein, der ist extrem konventionell. Man braucht ein Grundinteresse an dieser Form der Landwirtschaft.«

La Junquera ist über die Jahre mehr als ein Landwirtschaftsbetrieb geworden, es ist ein Experimentierfeld. Es gibt ein Camp, in dem Freiwillige bei der Wiederaufforstung der landwirtschaftlich ungenutzten Areale des Betriebs helfen. Jungen Unternehmensgründern wird Raum gegeben, ihre Ideen für mehr Nachhaltigkeit in der Landwirtschaft auszuprobieren. Die Winzerin zum Beispiel, die Naturweine produzieren will, und ein junger Unternehmer, der nach einer Möglichkeit sucht, mit Regenwürmern Kompost aus Schweinemist herzustellen.

Am Nachmittag zeigen mir Schoonhoven und Guzmán ihr Gemüsefeld. Es ist der einzige Teil La Junqueras, der bewässert wird. Das Feld ist wild überwuchert. Zwischen den Pflanzen, die sich hier selbst angesiedelt haben, wachsen noch Gemüse und Beeren, die den Winter überstanden haben. Zwischen den Reihen haben sie Apfelbäume gepflanzt, die noch jung sind. Wenn die Bäume dann zu viel Schatten werfen, ziehen sie mit dem Gemüsefeld woanders hin.

Die beiden schlendern Seite an Seite durch das wilde Feld, die Dogge Taiga trabt hinterher. Sie schauen sich an, was den Winter überstanden hat, welche Wildblumen blühen.

»Es ist so schön«, sagt Schoonhoven. »Lass uns eine Reihe so belassen.«

Schoonhoven findet ein paar Stangen Spargel und ein Bündel Knoblauch für das Abendessen. Ein milder Wind weht durch den Hain, lässt die sattgrünen Blätter der Apfelbäume zittern.

»Wir sollten mehr Holunder anpflanzen, der ist großartig für Limonaden«, ruft Schoonhoven. Guzmán stimmt zu.

»Wo sind die Erdbeeren?«, fragt er.

»In der ersten Reihe?«

»Lass uns schauen!«

NETZE
WAS DAS MAR MENOR ÜBER KOMPLEXE SYSTEME LEHRT

Aus der Sierra María-Los Vélez winden sich die Straßen zurück in Richtung Küstenebene, die sich zwischen Murcia, der Hauptstadt der gleichnamigen Provinz, und dem Mittelmeer erstreckt. Spanien gliedert sich politisch in 17 Autonome Gemeinschaften und diese wiederum in Comarcas, lokale Verwaltungseinheiten. An der Küste umschließen die beiden Comarcas La Huerta de Murcia – der Garten von Murcia – und Campo de Cartagena – das Feld Cartagenas – die Salzwasserlagune Mar Menor. Die Namen der beiden Comarcas legen es nahe: Hier wird Landwirtschaft betrieben. Die Gegend gilt als Gemüsegarten Europas. Weil es auch im Winter mild bleibt, wächst hier, was im nördlicheren Europa nur im Sommer wächst. Viel Salat, den wir im Winter in deutschen Supermärkten kaufen können, kommt aus diesen ebenen Landschaften.

Hier treffe ich die Aktivistin Isabel Rubio Pérez, Englischlehrerin in Rente, die zusammen mit anderen den Kampf gegen die intensive Landwirtschaft in der Region aufgenommen hat. Sie zeigt mir die Orte ihrer Jugend am Mar Menor, erinnert sich an die Seepferdchen, die sich um ihre Finger gewickelt haben, als sie ihnen die Hände entgegenstreckte, nimmt mich mit zu Stränden, an denen der Sand dem Morast gewichen ist. »Was mit dem Mar Menor passiert ist, ist ein Symbol menschlichen Versagens«, sagt sie.

Sonnenuntergang über dem Mar Menor

Das Mar Menor, zu Deutsch »das kleine Meer«, ist ein einzigartiges Ökosystem. Noch heute gründeln Flamingos im flachen Wasser der Lagune, genießen Touristen das warme, klare Wasser. Doch das Ökosystem kollabiert zusehends. Im Sommer 2016 verwandelte sich das Mar Menor in eine Grüne Suppe. So nennen die Menschen das Phänomen, das die Lagune seitdem immer wieder heimsucht, dem Wasser seine Klarheit raubt und den Meerestieren den Sauerstoff. Eutrophierung sagen Experten dazu. Ich erkenne erst später den Zusammenhang zwischen dem belasteten Grundwasser, von dem Schoonhoven mir erzählt hat, und der ökologischen Katastrophe am Mar Menor. Die Geschichte dahinter erzählt viel von der Entwicklung der Landwirtschaft in den vergangenen Jahrzehnten und ihrer destruktiven Kraft.

In Murcia wurde traditionell *agricultura de secano*, Trockenfeldbau, betrieben. Dabei versuchten die Landwirte und Landwirtinnen den wenigen Niederschlag so lange wie möglich zu speichern. Die Techniken, die sie dafür anwandten, ähneln denen, die Schoonhoven und Guzmán in der Sierra María-Los Vélez anwenden: Anbau entlang von Konturlinien, Anlage von Teichen und Fokussierung auf Arten, die lange Trockenperioden verkraften können. So konnten sie um Murcia etwa Oliven, Wein, Zitrusfrüchte und Weizen anbauen. Doch das änderte sich ab dem Ende der 70er-Jahre.

Damals wurde der Tajo-Segura-Kanal, das größte Wasserbauprojekt Spaniens, eröffnet. Der knapp 300 Kilometer lange Kanal leitet Wasser aus Zentralspanien zu den Feldern um das Mar Menor. Es war eine Revolution für die Landwirtschaft hier. Das milde Klima im Winter ist zwar ideal, um Gemüse anzubauen, nur fehlte das Wasser. Der Tajo-Segura-Kanal änderte das. In den vergangenen zehn Jahren kamen zunehmend internationale Agrarunternehmen, die in dieser Gegend Felder gepachtet und die Landwirtschaft intensiviert haben. Das hatte Folgen für das Ökosystem Mar Menor. Es lohnt sich, die Dynamiken dahinter zu verstehen, weil sie fundamentale Aspekte der landwirtschaftlichen Tragödie darstellen.

Ein Ökosystem ist ein komplexes System, in dem jedes Element mit individuellen Eigenschaften mit jedem anderen interagiert. Diese Interaktionen kreieren ein großes Ganzes, das seine eigenen Dynamiken hat. Im Mar Menor sind das unter anderem Salz, Wasser, Sauerstoff, Bakterien, Phytoplankton, Krustentiere, Weichtiere, Fische, Vögel, Mensch und Wetter. Die Biologin Francisca Giménez Casalduero, die ich dort treffe, hat sich über Jahre mit der Erforschung von *Elysia timida* beschäftigt. *Elysia timida* ist eine hellgrüne Meeresschnecke mit dicken Fühlern und einem gewellten Körper, die Photosynthese betreiben kann. Andere Wissenschaftler und Wissenschaftlerinnen können sich den großen Dynamiken von Ökosystemen widmen – etwa der Frage, wie die Jahreszeiten sich auf Algen und Fische auswirken. Aber das Zusammenspiel des ganzen Systems, das Zusammenspiel von Pflanzen, Tieren, Physik und Chemie in seiner Gesamtheit zu verstehen, ist ein beinahe unmögliches Unterfangen.

Durch die Interaktion der einzelnen Elemente, seien sie noch so einfach, entstehen Eigenschaften des Gesamtsystems. Die einzelnen

Die Aktivistin Isabel Rubio Pérez

Elemente organisieren sich, schaffen inhärente Ordnung und Stabilität. Aus dem Biologie-Leistungskurs kenne ich noch ein sehr einfaches Beispiel dafür: die Populationsdynamiken in Räuber-Beute-Systemen. Wenn es viele Beutefische gibt, können sich viele Raubfische ernähren, dadurch sinkt die Population der Beutefische, wodurch die Population der Raubfische sinkt, wodurch die Population der Beutefische wieder steigt und die Dynamik neu beginnt. Man kann das durch zwei versetzt parallel verlaufende Kurven darstellen, die sinken und steigen. Es kommt weder zu einer Überpopulation von Raub- noch zu einer von Beutefischen.

Doch im Mar Menor jagt nicht nur der Wolfsbarsch nach Sardinen, sondern unzählige Elemente interagieren miteinander. Es ist unendlich komplexer. Das System ist mehr als die Summe seiner Elemente, und Versuche, es zu kontrollieren und zu verstehen, sind zum Scheitern verurteilt. »Ein Aspekt der menschlichen Tragödie ist, dass unsere Versuche, unsere Probleme zu lösen, unbeabsichtigt Systeme schaffen, deren Komplexität schneller eskaliert als unser Verständnis davon«, schreibt der Umweltaktivist George Monbiot. »Sie verhalten sich auf seltsame, kontraintuitive Art und Weise und schaffen unbeabsichtigte Resultate, die oft das Gegenteil vom Beabsichtigten sind.«

Ein eindrucksvolles Beispiel für ein komplexes System sind Algorithmen, die entscheiden, welche Inhalte wir auf sozialen Medien angezeigt bekommen. Die Ingenieure und Ingenieurinnen dahinter verstehen einzelne Elemente, aber inzwischen sind die Systeme so komplex, dass niemand mehr das Gesamtsystem versteht. Vor 20 Jahren entwickelte Facebook-Gründer Mark Zuckerberg ein Bewertungssystem für das Aussehen von Mitstudentinnen in Harvard – und heute radikalisieren sich Menschen auf Facebook zu Anhängern und Anhängerinnen von Verschwörungstheorien, und das Netzwerk ist zu einer Gefahr für die Demokratie geworden. Eine Gefahr, die kaum zu kontrollieren ist, weil niemand das gesamte System versteht.

Ein komplexes System kann gewisse Schocks verkraften, und die Widerstandskraft beruht entscheidend auf der Abhängigkeit der einzelnen Elemente untereinander. Je schwächer sie ist, desto größer die Widerstandskraft. Nehmen wir einen Raubfisch. Wenn der sich nur von einer Spezies ernähren könnte, wäre die Abhängigkeit davon groß und die Widerstandskraft gegen Schocks gering. Ein Einbruch der Population dieser einen Beutefischart würde unweigerlich auch zu einem Einbruch der Raubfischpopulation führen. Kann der Raubfisch sich aber von vielen Fisch- und Weichtierarten ernähren, ist die Abhängigkeit zu den einzelnen Arten gering und die Widerstandskraft groß. Die Population der Beutetiere kann einbrechen, ohne die Raubfischpopulation zu beeinträchtigen.

Das Ökosystem des Mar Menor war wegen des hohen Salzgehalts und des niedrigen Nährstoffgehalts des Wassers einzigartig. Das änderte sich in den 70er-Jahren. Für die Sportboote der Touristen wurden Verbindungen zwischen Mittelmeer und Mar Menor zu schiffbaren Kanälen ausgebaggert. Damit sank der Salzgehalt des Mar Menor. Es war der erste Schock für das Ökosystem. Aber das System blieb stabil.

Der zweite Schock kam mit der Intensivierung der Landwirtschaft. Mit herangepumptem Wasser konnte ganzjährig angebaut werden. Künstlicher Dünger, Gülle oder Mist versorgen die Pflanzen mit den notwendigen Nährstoffen. Und diese landen letztendlich im Mar Menor. In die Lagune münden Ramblas, Flussbetten, die nur bei starkem Regen Wasser führen – zumindest war das früher so. Heute führen einige der Ramblas ganzjährig Wasser voller Nährstoffe, vor allem Stickstoff- und Phosphorverbindungen. Damit änderte sich das zweite Merkmal, das das Mar Menor so einzigartig gemacht hatte: Der Nährstoffgehalt stieg. Und so wurde der Prozess der Eutrophierung in Gang gesetzt.

Zu viele Nährstoffe lassen Algen wachsen. Wenn die Algen mit Nährstoffen gesättigt sind und keine weiteren aufnehmen können, steigt der Nährstoffgehalt im Wasser, wo Phytoplankton explodiert. Das blockiert

Am Rande des Mar Menor wird Meersalz gewonnen.

die Sonneneinstrahlung. Die Algen am Boden können keine Photosynthese mehr betreiben und sterben ab. Bakterien zersetzen die toten Algen, wofür sie Sauerstoff brauchen – Sauerstoff, der dem Rest des Systems in der Folge fehlt. Die abgestorbene Biomasse wird an die Strände geschwemmt und lässt sie verschlammen. Fische und andere Meeresbewohner fliehen – oder ersticken. Weil der Prozess am Grund beginnt, drängen Tiere nach oben. Das Wasser des Mar Menor färbte sich grün, an den Stränden wurden Tonnen toter Fische angeschwemmt.

Sind die Schocks zu groß oder kommen sie zu häufig, kippt das System ab einem bestimmten Punkt – es verändert sich fundamental und unaufhaltbar. Die Komplexität macht es unmöglich vorherzusagen, wann dieser sogenannte Kipppunkt erreicht ist. Meist kündigt er sich mit einem Flimmern an, so wie Störsignale in einem Röhrenfernseher eine heranziehende Gewitterfront ankündigen – manchmal mit Phänomenen, die ein trügerisches Wachstum vortäuschen – wie eine Aktienblase kurz vor dem Platzen.

In einer Spelunke am Hafen des Mar Menor erzählt der Fischer Juan Tárraga Henarejos von diesem Flimmern. Seine Hände sind vom Salzwasser spröde und aufgerissen. Es ist früher Vormittag, die Hafenarbeiter trinken Bier, spielen die ersten Runden am Automaten. Tárraga schaut ernst, beinahe bitter, erzählt stoisch. Früher zog er Marmorbrasse, Wolfsbarsch, Großkopfmeeräsche, Streifenbarbe oder Glasgrundel aus der Lagune. Nach der Grünen Suppe 2016 fing er Doraden und Langustinen in Mengen, wie er sie nie zuvor gesehen hatte. Eigentlich ein Segen, schließlich sind es teure und gefragte Speisetiere. »Es gab Verwirrung unter den Fischern über die Zahl der Fische«, erzählt mir die Biologin Giménez. Die vielen Doraden, von denen Tárraga erzählt, sie waren auf der Flucht. Es war eine Illusion reicher Fischgründe.

Doch auch Tárraga hatte eine düstere Vorahnung. »Die jungen Fischer haben sich gefreut. Aber wir Älteren wussten, dass es schlimmer und schlimmer werden würde«, sagt er und behielt recht. 2019 kippte das Mar Menor zum zweiten Mal, 2021 zum dritten Mal. Und jedes Mal verendeten tonnenweise Fische an den Ufern. Seitdem können die Fischer hier nur noch Aale fangen.

Das Mar Menor ist gerade mal 170 Quadratkilometer groß, global wäre es zu vernachlässigen. Aber was hier passiert, passiert in viel größerem Maßstab in Gewässern weltweit. Dadurch entstehen in der Tiefe gigantische Todeszonen. Die bekannteste liegt wohl im Golf von Mexiko. Sie ist etwa 5000 Quadratkilometer groß. Aber es ist kein Vergleich zur Todeszone in der Ostsee, die 60 000 Quadratkilometer groß ist – anderthalb Mal so groß wie die Schweiz.

Es lohnt sich, den Blick zu weiten und sich das gesamte System vor Augen zu führen, das wir geschaffen haben. Damit wir im Winter Sommersalat essen können, wird in Spanien Wasser über Hunderte Kilometer in eines der trockensten Gebiete Europas gepumpt. Die Landwirtschaft dort zerstört ein einzigartiges Ökosystem. »Wir schicken unser Wasser als Salat nach Nordeuropa«, klagt die Aktivistin Rubio. Und der landet in Plastiktüten in den Kühlregalen unserer Supermärkte. Wenn es gut läuft, wird er gegessen. Wenn nicht, landet der verwelkte Salat in der Müllverbrennung.

KONTROLLE

WIE WIR UNSEREN GARTEN SICH SELBST ÜBERLASSEN

Als ich wieder auf Sota la Quinta ankomme, schaue ich mir das Land hier mit anderen Augen an. Ich hatte mir nie Gedanken darüber gemacht, wie Landschaft, Boden und Wasser interagieren. Aber jetzt sehe ich es überall. In den beiden kleinen Kartoffelfeldern etwa. In einem Drittel haben wir im Herbst viel Pferdemist eingearbeitet, für die anderen zwei Drittel war nicht mehr ausreichend da. Die Kartoffelpflanzen in dem Teil mit mehr Mist sind nicht nur höher gewachsen, was nicht verwunderlich ist, sie scheint auch die aufkommende Hitze und Trockenheit nicht zu stören. Das hängt damit zusammen, dass ihre Wurzeln sich weiter ausgebreitet haben, aber vermutlich hat es auch damit zu tun, dass der Boden mit mehr Biomasse Wasser besser speichern kann.

Hinter dem Haus sind Terrassen auf etwa fünf Ebenen. Ganz genau kann ich das nicht sagen, weil dazwischen Hänge und Übergänge sind, die es schwer machen zu erkennen, wo die eine Terrasse aufhört und die nächste anfängt. Ich frage mich, was hier früher wohl angebaut wurde.

Als wir vor zwei Jahren den Olivenhain auf einem der Äcker vor dem Haus gepflanzt haben, habe ich mich dabei nicht an den Konturen des Landes orientiert, sondern an den Umrissen des Feldes. Nicht sonderlich klug, wie ich jetzt gelernt habe. Auf topografischen Karten schaue ich mir die Höhenlinien an. Am oberen Ende des Olivenhains mache ich einen Keypoint aus, einen Punkt, an dem sich das Wasser sammelt, das die Hügel hinabfließt. Hier könnte man einen Damm anlegen, um Wasser zu sammeln und zu verteilen.

Und ich habe eine Idee, was ich noch hier pflanzen kann: Wein. Wie ich gelernt habe, geht das auch in trockeneren Gebieten ohne Bewässerung. Ich recherchiere im Internet nach geeigneten Rebsorten und lerne, dass es neben Temperaturen und Niederschlag vor allem auf den Anteil von aktivem Kalk und Biomasse im Boden ankommt. Also nehme ich Bodenproben an verschiedenen Stellen in den Terrassen, im Olivenhain und im verbliebenen halben Hektar, auf dem ich zwei Jahre zuvor eine Mischung aus Leguminosen und verschiedenen Blühpflanzen gesät habe.

In der Zwischenzeit suche ich einen Anbieter für Weinreben. Ein französischer Produzent lässt mich abblitzen: Sie liefern nur nach Frankreich. Natürlich! Bei einem spanischen Anbieter habe ich mehr Glück. Er fragt mich nach Klimabedingungen, aktivem Kalk und organischem Material im Boden. Die Proben kommen zurück. Die Ergebnisse sind auf allen Flächen ähnlich. Nur auf dem halben Hektar, auf dem Leguminosen wachsen, ist beinahe doppelt so viel Stickstoff in Form von Nitrat im Boden. Ich bin überrascht, wie effektiv die Stickstoffbindung mit Leguminosen offenbar funktioniert.

Der spanische Rebenproduzent sieht in den Bodenwerten keine Limitierungen und rät mir angesichts der Werte zu den Sorten Monastrell, Cabernet Sauvignon oder Cariñena. Ich entscheide mich für Monastrell, dessen Traube charakteristisch klein und rund ist und eine dicke, schwärzliche Schale hat. Der Wein soll Aromen von Brombeeren, Holunderbeeren und Pfeffer haben. Langsam entsteht eine Vision, was wir mit dem halben Hektar Brachland anfangen wollen.

Seit ich hier lebe, habe ich ein stärkeres Bewusstsein für natürliche Prozesse und Zusammenhänge entwickelt. Ich kenne den Lauf der Sonne, ich weiß, dass die Wolken aus dem Westen Regen vom Atlantik mitbringen. Wetter ist nicht mehr schön oder schlecht, sondern verbunden mit der Hoffnung auf genug Regen und wenig Hitze, in der Sorge um Bäume und Pflanzen. Diese Nähe zur Natur, die ich langsam wiederentdecke, haben die meisten von uns an Komfort, Konsum und an ein Gefühl von Unverwundbarkeit verloren: Unser Essen kommt aus dem Supermarkt, oder der Kellner serviert es uns fein angerichtet. Dass dies in Frage gestellt sein könnte, können wir uns nicht vorstellen. Über wochenlangen Sonnenschein freuen wir uns. Doch den Bauern kann zu viel sonniges Wetter schlaflose Nächte bereiten. Technologischer Fortschritt hat uns von den Dynamiken unserer Umwelt abgenabelt, und der Mensch hat sich von der Natur entfremdet, als sei er nicht Teil von ihr.

Wenn ich mit unserem Hund Omali spazieren gehe, wenn ich mit dem Rad durch die Berge um Sota la Quinta fahre, wenn ich durch die Wiesen vor dem Haus gehe oder wenn ich Bäume oder Gemüse pflanze, achte ich sehr genau darauf, was ohne mein Tun wächst und lebt, kreucht und fleucht. Im Wald hinter dem Haus blühen im Frühjahr Thymian und Lavendel zwischen knorrigen Steineichen. Am Straßenrand wachsen Akelei, Wiesensalbei, Schöllkraut, Silberblatt und Beinwell. Auf den Wiesen sprießen wilder Fenchel, Senfrauke, die genauso schmeckt, wie sie heißt, und Borretsch.

Die Blüten der beiden letzteren Pflanzen schmecken nicht nur wunderbar, sondern sehen auch wunderschön im Salat aus. Überhaupt, unsere Salate! Seit wir Angebautes und Gesammeltes kombinieren, sind sie eine wahre Geschmacksexplosion: herb, bitter, scharf, würzig, frisch. Für den abgestumpften Gaumen sind sie eine Zumutung, aber es gibt wenig, was mich mehr daran erinnert, wie eintönig, wie verarmt unsere industrialisierte Diät ist. Dass unsere Landwirtschaft von Monokulturen dominiert ist, lässt sich in nichts deutlicher schmecken als in Salat. Diese Biodiversität ist ein Wert an sich. Es ist das größte Wunder, auch nach Hunderten Jahren Wissenschaft ist nur oberflächlich erklärbar, wie sie zustande kommt. Aber die Biodiversität hat auch einen praktischen Wert.

Wir lassen das Gras um unser Haus hoch stehen. Und damit sind wir zum Gerede im Dorf geworden. Gras hat kurz zu sein! Der städtische Landschaftspfleger verbringt einen Großteil seiner Arbeitszeit damit, mit der Motorsense zu mähen. Es gibt kaum etwas, das so viel ungefragte

Unser Garten blüht auf.

Ratschläge nach sich zieht. Die einen Nachbarn haben mir erklärt, dass es Lebensraum für Mäuse sei, die dann im Winter in das Haus ziehen und sich in den Zwischendecken einnisten, beziehungsweise für Feldmäuse, die unser Gemüse von der Wurzel an abfressen werden; die anderen – über Ecken –, dass es im Fall eines Waldbrandes eine Gefahr wäre. Während ich Letzteres im Ansatz nachvollziehen kann, halte ich Ersteres inzwischen für den Ausdruck menschlicher Anmaßung, den zum Scheitern verurteilten Versuch, Ökosysteme mit Einzelmaßnahmen kontrollieren zu wollen.

Mein Versuch, die Feldmäusepopulation mit unterirdischen Fallen zu kontrollieren, war, pardon, ein Katz-und-Maus-Spiel. Die gemeine Hausmaus lernt schnell: Wenn ich in der Küche Fallen aufgestellt habe, gingen innerhalb von ein, zwei Tagen ein paar Mäuse hinein. Danach fiel die Erfolgsrate zuverlässig auf null ab, obwohl immer noch ganze Familien in den Zwischendecken oder hinter dem Ofen waren. Wir haben uns eine Katze – Gabriella – zugelegt, um Mäuse im Haus zu kontrollieren. Draußen kommt sie nicht nach – oder jagt zu unserem Unmut nach Vögeln. Aber einer der größten Fressfeinde der Maus sind Schlangen. Wir haben eine erstaunliche Population von Aspisvipern und Treppennattern. Das hohe Gras bietet ihnen Schutz, sodass sie gemächlich Mäuse jagen können.

Ich habe keine Zählung durchgeführt, ob es bei kurzem Gras mehr oder weniger Mäuse gibt. Aber ich kann mir vorstellen, dass das hohe Gras ihr Leben eher erschwert. Im Gegensatz zu Raubvögeln, ihren anderen großen Fressfeinden, gehen die Schlangen auch in die Höhlengänge der Mäuse. Aber selbst wenn es nicht so ist, das hohe Gras hat noch andere Vorteile: Zwischen dem hohen Gras blüht etwa Rotklee, der Nahrung für Bienen und Schmetterlinge ist, die Obstbäume bestäuben.

Oder nehmen wir das Gemeine Spargelhähnchen, einen Käfer, der seine Eier auf unseren Spargel im Waldgarten setzt. Die Eier sind nicht ungesund, eher ein ästhetischer Mangel, der den Spargel für manchen Städter ungenießbar erscheinen lässt. Die Käfer hindern die Pflanzen aber an der Photosynthese, schränken also ihr Wachstum ein. Die technische Lösung wäre es, Pestizide zu sprühen. Aber das tötet auch andere Insekten ab, etwa die parasitäre blau-grüne Erzwespe, den größten Fressfeind des Gemeinen Spargelhähnchens, deren Larven sich in den Eiern von Embryos des Käfers ernähren. Adulte Wespen ernähren sich von Nektar und Pollen. Der Versuch, die Maus zu kontrollieren, indem man mäht und dadurch Insekten Futter raubt, hat also die ungewollte Nebenwirkung von Spargelhähnchen-Eiern auf den Trieben.

Wenn ich in diesem Buch einen Ratschlag für den eigenen Garten mitgeben kann, dann ist es, zu beobachten und zu versuchen, die Dynamiken des Ökosystems vor der eigenen Tür zu verstehen und nicht auf die Lösungsversprechen einzelner technischer Maßnahmen zu vertrauen. Auch der Vorgarten ist ein komplexes System, und beinahe jeder Eingriff hat Nebenwirkungen.

Will man die Probleme der Landwirtschaft verstehen, muss man sich eines der ältesten landwirtschaftlichen Werkzeuge überhaupt und dessen Auswirkungen anschauen: den Pflug. Es gibt wenig in der Geschichte der Menschheit, was so einfach ist und eine so gigantische Bedeutung hat wie der Pflug. Zwei konkav geschmiedete Eisenplatten, die aufeinander zulaufen, unten und hinten breit, vorne und oben schmal. Hinter dem Traktor hergezogen, dringt er 30, 40 Zentimeter in den Boden ein und wendet die Erde von unten nach oben. Unkräuter und abgestorbene Pflanzenreste werden untergraben. Landwirte nennen das einen »sauberen Tisch«. Die Erde liegt blank obenauf. Sie ist Wind und Regen ungeschützt ausgesetzt.

Der Pflug ist nötig, weil unsere Ernährung zum allergrößten Teil auf einjährigen Kulturen aufbaut. Weizen, Mais, Soja, Raps und Sonnenblumen müssen jedes Jahr neu ausgesät werden und sterben jedes Jahr ab. Weil sie nur so kurz leben, hat die Evolution ihnen Eigenschaften mitgegeben, die diesen Nachteil ausgleichen und uns nutzen: Sie wachsen schnell und produzieren viele Samen, die über Jahre ihre Keimfähigkeit behalten. Der einjährige Weizen produziert mehr Körner als seine mehrjährigen Verwandten. Sein Wachstum ist vor allem über dem Boden konzentriert, was die potenzielle Erntemenge erhöht. Und damit einjährige

Pflanzen sich etablieren können, brauchen sie diesen sauberen Tisch. Pflug und Weizen gehen Hand in Hand.

Jedes Jahr zur Erntezeit sehe ich, wie Quim, einer der Bauern im Vall de Llémena, mit dem Traktor durch seine Äcker pflügt. Besonders nach langer Trockenheit lässt er dabei eine riesige braune Staubwolke hinter sich in den Himmel steigen. Es ist sein guter Boden, den der Wind verweht. »Stück um Stück schwindet wertvoller, fruchtbarer Boden, bis nur noch das ausgeblichene Skelett des Planeten übrig ist«, beschreibt der Landwirt und Autor Mark Shepard diesen destruktiven Prozess. Der Pflug tötet zudem Nützlinge ab und setzt Kohlenstoffdioxid frei. Er ist Ursache vieler der großen Probleme der Landwirtschaft. Daher reise ich zu einem Betrieb, der versucht, komplett darauf zu verzichten.

BODEN I
OHNE PFLUG GEGEN DIE EROSION NIEDERSÄCHSISCHER SANDBÖDEN

In der Mitte des Dreiecks, das Bremen, Hannover und Osnabrück bilden, liegt der Hof von Alexander und Friederike Schierholz. Ein paar Kilometer östlich liegen das Nördliche Wietingsmoor und das Freistätter Moor, im Süden das Rehdener Geestmoor, im Westen das Südlohner Moor. Die Böden hier sind sandig. So sandig, dass an stürmischen Tagen Dünen über das flache Land ziehen können. Die Landwirte sehen hilflos dabei zu, wie ihre Böden vom Wind erodiert werden, wie der gute Schluff, der feine Boden, in hellbraunen Wolken über die Landschaft zieht. »Das ist eine riesige Umweltkatastrophe«, sagt Alexander Schierholz. Es ist nicht nur die Lebensgrundlage der Landwirte, die Partikel für Partikel verschwindet. Es ist unser aller Lebensgrundlage. In den obersten 30 Zentimetern gedeiht beinahe alles, was wir und unsere Nutztiere essen. Doch viele alteingesessene Landwirte ergeben sich einem gewissen Fatalismus. »Es hat schon immer geweht«, heiße es dann. Was will man machen.

Alexander und Friederike Schierholz wollten sich diesem Fatalismus nicht ergeben. »Ein nachhaltiges Landnutzungssystem hat es auf unseren Böden nie gegeben. Das müssen wir erst entwickeln«, sagt Friederike Schierholz. »Und No-till ist, was wir hier probieren.« No-till bedeutet den Verzicht auf jegliche Bodenbearbeitung in Kombination mit einer Direktsaatmaschine, die den Boden oberflächlich aufschlitzt, das

Saatgut in die so entstandenen Rillen bläst und dann den Boden wieder verschließt.

Ich besuche den Hof, um zu verstehen, wie das funktioniert. Die Geschichte dahinter zeigt, wie schwer es ist, Dogmen zu hinterfragen und neue Techniken anzuwenden. Auch ich, der ich konsequent Biolebensmittel einkaufe, muss das tun. Denn gerade für ökologisch arbeitende Betriebe, die keine Herbizide – also Unkrautvernichtungsmittel – einsetzen, stellt das Pflügen ein Dilemma dar: Weniger Herbizide bedeuten oft mehr Pflugeinsatz. In Biobetrieben kann der Ertrag durch No-till um zwei Drittel einbrechen. Von regenerativen Landwirten und Landwirtinnen, die sich für den Erhalt und die Wiederherstellung von Biodiversität einsetzen, höre ich daher oft eine Verteidigung eines Mittels, das in der breiten Bevölkerung das Sinnbild destruktiver, gesundheitsschädlicher Landwirtschaft ist: Glyphosat.

In den USA ist No-till weit verbreitet. Das hat zum einen wohl mit einer höheren Akzeptanz von Herbiziden zu tun, zum anderen ist die Technik tief mit der amerikanischen Geschichte verwoben. Das geht bis in die Zeit der Weltwirtschaftskrise in den 30er-Jahren zurück. Damals versuchte man, den Great Plains, einem 750 Kilometer breiten und 3000 Kilometer langen Streifen östlich der Rocky Mountains, industrialisierten Ackerbau aufzuzwingen. Nachdem schon vorher die indigene Bevölkerung vertrieben und Bisons funktionell ausgerottet worden waren, rodeten die Siedler tiefwurzelndes Präriegras, pflügten den Boden und pflanzten vor allem Weizen. Die Auswirkungen waren verheerend.

Erst kam eine Dürre, dann folgten Stürme, die den Boden mit sich rissen. Die enormen Staubwolken zogen bis ins knapp 2000 Kilometer entfernte Washington, D.C. In den Epizentren konnten Menschen ihre Hände am ausgestreckten Arm nicht erkennen, so gering war die Sichtweite. Ernten brachen ein und Menschen flohen. Aus Oklahoma, einem der am stärksten betroffenen Staaten, flohen 15 Prozent der Bevölkerung. Als Maßnahme dagegen pflanzte die US-Regierung 220 000 000 Bäume als Windbrecher. Das Phänomen ging unter dem Namen *Dust Bowl* in die Geschichte ein.

Nachdem die Staubstürme abgeflaut waren, veröffentlichte der Agrarwissenschaftler Edward H. Faulkner sein Werk *Ploughman's Folly* – zu Deutsch etwa »Die Torheit des Pflügers« –, in dem er den Nutzen des Pflugs in Frage stellte – und damit die gesamte landwirtschaftliche Dogmatik. »Hätten wir uns nicht ursprünglich gegen die Gesetze der Natur gewandt, indem wir das Land pflügen, hätten wir die Probleme sowie die teuren und zeitaufwendigen Anstrengungen zu ihrer Lösung vermeiden können«, schrieb Faulkner. Er plädierte dafür, den Boden nicht zu wenden und direkt in die Überreste der vorherigen Pflanzung zu säen. Allerdings mangelte es damals an den Werkzeugen zur Umsetzung seiner Idee. Die kamen in den 70er-Jahren aus der agrochemischen Industrie.

Internet-affinen Menschen dürfte dieses Meme bekannt sein: Ein rundlicher Herr in Latzhose, Karohemd und Kappe schaut in die Kamera. »It ain't much, but it's honest work«, steht darüber – zu Deutsch etwa: »Es kommt nicht viel dabei rum, aber es ist ehrliche Arbeit.« Der rundliche Herr ist David Brandt, Vietnamkriegsveteran und Landwirt. Er starb 2023 bei einem Autounfall, aber er dürfte einer der einflussreichsten Landwirte der USA gewesen sein. Brandt war einer der Pioniere der No-till-Technik, war maßgeblich an deren Erforschung und Verbreitung beteiligt. Er kombinierte No-till, Zwischenfrüchte und Herbizide und erzielte damit auf seiner Farm in Ohio erstaunliche Erträge – bei Mais bis zu 44 Prozent höher als auf einer konventionell gepflügten Vergleichsfläche. Heute werden beinahe 40 Prozent der Ackerflächen in den USA ohne Bodenbearbeitung bewirtschaftet. Friederike und Alexander Schierholz setzen diese Idee seit 2018 auf allen ihren Äckern um. In Deutschland gehören sie damit zu den Pionieren, auf gerade mal einem Prozent der landwirtschaftlichen Flächen wird diese Praktik bisher angewandt.

Alexander Schierholz, Sohn eines Automechanikers, hat als Jugendlicher seine freien Nachmittage auf dem Traktor seines Onkels verbracht, der Landwirt war. Friederike Schierholz, Ausbilderin an einer Agrarschule, ist hier in Schierholz, einem Stadtteil von Eydelstedt, aufgewachsen. Die beiden haben den 134 Hektar großen Betrieb von Friederike

Friederike Schierholz und Alexander Schierholz-Prilop in ihren Feldern

Schierholz' Vater 2020 übernommen. Der Hof Schierholz ist der einzige Betrieb, den ich besuche, der nicht nach Biostandards arbeitet. Sie nutzen künstliche Dünger, Insektizide, Fungizide und Herbizide. Und sie sorgen sich darüber, dass Glyphosat in Deutschland ab dem 1. Januar 2024 verboten werden soll. »Es ist eines der wichtigsten Werkzeuge«, sagt Alexander Schierholz. Sie fürchten, dass das Verbot auf Kosten des Bodenlebens gehen wird, das sie über die vergangenen Jahre aufgebaut haben.

Friederike Schierholz' Onkel ist Dorfchronist. Er hat die Geschichte der Landwirtschaft hier aufgearbeitet. Es war schon immer ein mühseliger Kampf, den Böden Fruchtbarkeit abzugewinnen. Er begann in der Bronzezeit (2200 bis 800 vor Christus), als sich die ersten Menschen hier niederließen. Damals war die Gegend von lichtem Laubmischwald aus Eichen, Buchen, Birken und Ahorn dominiert. Die Siedler rodeten Waldstücke, um sie als Ackerflächen zu nutzen. Das Vieh trieben sie zum Weiden in die Wälder. Doch die Bodenfruchtbarkeit ließ schnell nach.

Also rodeten sie immer weitere Flächen, während das Vieh den verbliebenen Wäldern immer stärker zusetzte. Bis zum 18. Jahrhundert waren zusammenhängende Wälder verschwunden und kargen Heiden gewichen, auf denen sie nur noch Schafe halten konnten. Die anspruchslosen Heidschnucken etwa.

Waldbauern waren zu Heidebauern geworden, und sie passten ihre Techniken an, um den Boden fruchtbar zu halten. Sie schlugen sogenannte Plaggen aus der Heide. Als Plaggen bezeichneten sie Bodenstiche von der obenliegenden Humusschicht bis zum darunterliegenden Sand, die sie mit einer speziellen Hacke, einer sogenannten Quicke, systematisch abbauten. Diese Plaggen mischten sie mit dem Stallmist der Heidschnucken und brachten das Gemisch auf den Äckern aus. Während die Heiden versandeten, wuchsen die Äcker in 100 Jahren um zehn Zentimeter. Doch die Böden blieben karg.

Am 31. März 1866 traf sich der Ururgroßvater von Friederike Schierholz mit sechs Bauern aus der Gegend. Die sieben Herren wanderten über die Äcker und nahmen Sandwehen bei den Nachbarn der Familie Schierholz in Augenschein. »Einzelne Versuche der Dämpfung durch Holzpflanzungen und Bedecken mit Gesträuch sind stellenweise schon versucht, inzwischen längst nicht in genügender Weise«, hielten sie in einer Abschrift fest, die Friederike Schierholz in ihrem Elternhaus gefunden hat.

Das Problem war fundamental. Die Bauern versuchten, dem Boden Landwirtschaft aufzuzwingen, für die er nicht geschaffen war, und rissen dabei sandige Narben in das Ökosystem. »Eigentlich ist hier nichts möglich«, sagt Friederike Schierholz. Die Qualität landwirtschaftlicher Flächen wird in Deutschland mit sogenannten Bodenpunkten angegeben. Die Skala reicht von zehn bis 100, wobei 100 das Optimum ist. Bei der Berechnung spielen nicht nur die Zusammensetzung des Bodens, sondern auch die mittlere Jahrestemperatur, der Jahresniederschlag und die Geländeverhältnisse eine Rolle. Die Böden des Hofes Schierholz haben 20 Bodenpunkte. Schlechter geht es nicht, zumindest nicht, wenn man Landwirtschaft gewinnbringend betreiben will.

»Kunstdünger hat Landwirtschaft auf diesen Flächen überhaupt erst möglich gemacht«, erzählt Friederike Schierholz. Anfang des 20. Jahrhunderts brachte er eine Revolution für die Landwirtschaft – auch hier. Die Bauern konnten Äcker und Grünland fruchtbar machen, die Zahl der Tiere erhöhen und damit die Menge organischen Düngers. Die genügsamen Heidschnucken ersetzte man durch ertragreiche Kühe und Schweine. In Schierholz rühmten sich die Nachbarn der Familie Schierholz mit guten Erträgen durch Fruchtfolgen, Gründüngung durch Zwischenfrüchte, aber eben auch den Einsatz von künstlichem Dünger, wie dem phosphatreichen Thomasmehl, das ein Nebenprodukt der Stahlerzeugung war.

Der Fortschritt war rasant und der Glaube daran ungetrübt. Innerhalb von 20 Jahren versechsfachten sich die Preise für den Hektar Agrarland. »Man sieht mit Befriedigung, dass die Heide nach und nach schwindet und immer mehr in Kulturzustand umgewandelt wird«, hieß es in der Kreiszeitung aus dem Jahr 1907. Moore wurden trockengelegt, und die Heide wurde planiert. Im selben Jahr verkaufte der Nachbar »siebzig bis achtzig fette Schafe«, weil er seine Schäferei aufgab.

Knapp 100 Jahre später machte Friederike Schierholz ein Praktikum auf einem Betrieb in Brandenburg. Dort lernte sie Alexander Prilop kennen und lieben. Kurz darauf ging er als Erntehelfer nach Litauen, Polen, Russland und schließlich 2008 in die Ukraine. Die beiden heirateten 2011, bekamen ihre erste Tochter. Sie studierte in Kiel Agrarwissenschaft, schrieb ihre Masterarbeit in Norwegen über die dortige Agrarpolitik.

Alexander Schierholz-Prilop sammelte währenddessen praktische Erfahrung im Ausland. Obwohl er zunächst kein Wort Ukrainisch sprach, arbeitete er sich zum Betriebsleiter hoch. Dort fand er mehr Freiheiten als in den festgefahrenen Strukturen in Deutschland. »Wir wollen Ertrag, mehr wollen wir nicht«, sei die Ansage gewesen und »Ich weiß, wie die Welt funktioniert« seine Attitüde. Allerdings stießen seine Ideen dort auf Unverständnis. Pflügen, grubbern, eggen hieß sein Dogma. »Das Auge hier in Westeuropa ist das gewohnt. Der Acker muss schwarz sein, und man muss die Saatrillen sehen.«

Die Ukraine ist bis heute ein landwirtschaftliches Wunder. Die Böden dort sind in weiten Teilen des Landes tiefschwarz, krümelig und kalkhaltig. Mehr als die Hälfte des Landes ist mit Bodenpunkten über 80 gesegnet. Die Fruchtbarkeit ist enorm. Ein Drittel des globalen Sonnenblumenöl-Exports kam 2022/23 aus dem Land, daneben noch 16 Prozent des Raps und je fünf Prozent von Weizen, Gerste und Mais. Aber das Klima ist auch weniger nachgiebig, im Sommer heißer und trockener als in Deutschland. »In der Ukraine habe ich gesehen: Wenn wir den Boden bearbeiten, ist das Wasser weg«, erinnert sich Alexander Schierholz. »Einmal grubbern und 50 Millimeter Regen sind weg. Die kommen nicht wieder.« In Deutschland leben wir noch in einer Gunstlage. Deshalb mussten wir uns um mangelndes Wasser bisher wenig Sorgen machen. Das hat sich seit 2018 jedoch spürbar verändert.

Als damals die regenarmen Jahre in Deutschland begannen, kam Alexander Schierholz zurück. Sie bauten ein Fachwerkhaus in Schierholz, kauften Hühner und begannen, die Lehren aus der Ukraine auf niedersächsischen Äckern umzusetzen. Sie pachteten Äcker von ihrem

Alexander Schierholz-Prilop zwischen Reihen junger Maispflanzen

Vater, teilten sich die Führung des Betriebs und begannen mit der Umstellung auf No-till. 2020 bekamen sie den Betrieb überschrieben. Inzwischen hatten sie 3000 Hühner in drei Mobilställen, und um diese vor der Sonne zu schützen, pflanzten sie Pappelreihen in die Hühnerwiesen. Die Bäume sind mittlerweile schon vier, fünf Meter hoch und die Wiesen dazwischen saftig grün. Aber ich bin nicht wegen der Bäume hierhergekommen, sondern wegen des Getreides auf den Äckern.

Im Licht der Abendsonne gehen wir zu den Feldern, die an ihren Garten anschließen. Ein lahmendes Huhn erholt sich im Wäldchen zwischen Garten und Acker. Wir passieren das Baumhaus ihrer drei Töchter. Unter dem Schutz von Bäumen steht ein rund drei Meter hoher Schlauchwagen. Der Grundwasserspiegel ist hoch, und die Schierholz nutzen das Wasser, um die Felder zu bewässern – trotz No-till hilft das dem Ertrag. Es geht entlang goldener Gerstenfelder, dann biegen wir schließlich in einen Acker mit Futtermais ein. Die Pflanzen scheinen kümmerlich im Vergleich zum Nachbarfeld. Ich muss die Frage nicht stellen, Friederike Schierholz beantwortet sie von allein. »Das ist unser Mais«, sagt sie und erklärt, warum er vergleichsweise kümmerlich dasteht. »Wenn wir den Boden stark belüften, werden die Bakterien richtig wild und fangen an zu mineralisieren.«

Es gibt viele landwirtschaftliche Techniken, den Boden zu belüften. Sie unterscheiden sich vor allem darin, wie tief sie gehen, wie fein sie arbeiten und ob sie den Boden wenden oder nicht. Der Pflug wendet; die Hacke macht, was ihr Name vermuten lässt; Grubber, Egge und Striegel lockern die obersten Bodenschichten. All diese Werkzeuge stehen Landwirten und Landwirtinnen zur Unkrautbekämpfung zur Verfügung, aber eben auch, um Mineralisation anzuregen. Mikroorganismen bauen organische Stickstoffverbindungen in anorganische Verbindungen wie Nitrat, Nitrit und Ammonium um und stellen sie so Pflanzen zur Verfügung.

»Das Lockern machen bei uns die Regenwürmer, und die arbeiten umsonst«, sagt Alexander Schierholz. Die Würmer fressen sich durch den Boden und schaffen so Gänge, durch die Sauerstoff in tiefere Schichten gelangt. »Aber wenn ich das die ganze Zeit kaputt mache, haben die irgendwann keinen Bock mehr.« Schon Charles Darwin erkannte die Bedeutung von Regenwürmern. Er widmete ihnen das letzte Buch vor seinem Tod, mit dem Titel: *Die Bildung der Ackererde durch die Tätigkeit der Würmer*. Das Werk erschien 1881. Bis dahin galten Würmer als Schädlinge. »Der Pflug ist eine der ältesten und wertvollsten Erfindungen der Menschen; aber schon lange, ehe er existierte, wurde das Land durch Regenwürmer regelmäßig gepflügt«, schrieb Darwin.

Pflügen tötet einen Großteil der Regenwürmer im Boden ab. Allerdings war die Studienlage lange nicht so klar, wie man vermuten würde. Populationen erholen sich relativ schnell wieder, und einige Studien sehen auch höhere Populationen in gepflügten als in ungepflügten Böden. Aber eine Metaanalyse aus dem Jahr 2017, die sich einen Zeitraum von 65 Jahren angeschaut hat, kommt zu dem Ergebnis, dass die Regenwurmpopulationen in ungepflügten Böden mehr als doppelt so hoch sind wie in gepflügten.

Der Pflug arbeitet schneller als Millionen Würmer, stellt Bodenorganismen kurzfristig viel Sauerstoff zur Verfügung. Aber das ist nicht unbedingt ein Vorteil. »Biomasseumbau heißt nichts anderes als Humusabbau«, sagt Friederike Schierholz. »Wir machen kein Hacken, kein Striegeln, keine Bodenbearbeitung, nichts. Deshalb hat unser Mais am Anfang einen Nachteil.« Im Frühjahr erwärmt sich der Boden langsamer, es gibt weniger Mineralisation und damit weniger pflanzenverfügbare Nährstoffe. »Daher entwickelt sich unser Mais langsamer, wenn er jung ist, aber nach hinten raus hat er mehr Wasser, bleibt länger grün und hat hoffentlich den längeren Kolben.« Während Friederike erklärt, geht Alexander Schierholz wortlos durch die Kolbenreihen und streift mit beiden Händen über die Pflanzen an seinen Seiten. Er scheint in Sorge zu sein, ob die Strategie in diesem Jahr wieder aufgeht. Laut einer Metastudie sind tatsächlich gerade im Maisanbau Ertragseinbußen zu erwarten.

In der Umstellungsphase auf No-till haben sie versucht herauszufinden, ob diese Idee auf ihrem Acker eine Zukunft hat. Sie haben streifenweise gegrubbert, streifenweise nicht. Vor der Ernte konnten sie genau sehen, dass die Pflanzen auf dem gegrubberten Boden deutlich höher waren. Aber die Höhe der Pflanzen ist nicht der Maßstab für den Erfolg einer Ernte. Es ist das Gewicht der Kolben. Also haben sie gewogen: Die Kolben, die auf nicht bearbeitetem Boden standen, waren im Schnitt zehn Prozent schwerer. Friederike Schierholz betont, dass es keine wissenschaftlich genaue Studie gewesen sei, aber sie hat ihnen Sicherheit gegeben, dass sie auf dem richtigen Weg waren, dass die kleinen Pflanzen auf diesem Acker nichts über den späteren Ernteerfolg aussagen.

Um andere Landwirte und Landwirtinnen zu überzeugen, braucht es Zahlen. Zum einen, klar, die Erträge. Aber zum anderen Zahlen zu Kosten, die durch unterschiedliche Inputs entstehen. Bei so gut wie allen Posten schlägt ihr System das konventionelle System um Längen. Anstatt jedes Jahr siebenmal mit dem Traktor und Mähdrescher durch den Acker zu ziehen, fahren sie nur viermal im Jahr und verbrauchen dabei auch weniger. Einen Pflug durchs Feld zu ziehen, ist energieintensiv, eine Direktsaatmaschine verbraucht vergleichsweise wenig Diesel. Konventionell rechnet man bei Getreide, beispielsweise Winterroggen, mit gut 100 Litern Diesel pro Jahr und Hektar. Sie verbrauchen etwa 40 Liter.

In diesem Buch geht es viel um Abhängigkeiten – von der Agrarchemie, von fossiler Energie, von Antibiotika und anderen sogenannten Inputs. Einen wichtigen Posten hatte ich übersehen, bevor ich Familie Schierholz besucht habe: die Instandhaltung und Anschaffung von Landmaschinen. Mit den wenigen und weniger beanspruchenden Fahrten sinkt auch der Verschleiß der Maschinen. Friederike und Alexander Schierholz arbeiten zudem nur mit Mähdrescher und einer Direktsaatmaschine. Pflug, Egge oder Grubber fallen weg und damit die verbundenen Kosten. Ein pflügend arbeitender Betrieb kommt etwa auf 500 Euro Maschinenkosten pro Hektar pro Jahr. Friederike Schierholz schätzt, dass sie auf rund 300 Euro kommen. Aber dafür, dass sie auf den Pflug verzichten, sind sie mehr als andere Betriebe auf Glyphosat angewiesen.

Das Herbizid wirkt über nichtverholzte Pflanzenteile. Es blockiert ein Enzym und verhindert so die Synthese bestimmter Aminosäuren.

Die Pflanze verwelkt. In den 70ern brachte es der Agrarchemiegigant Monsanto unter dem Namen »Roundup« auf den Markt. Monsanto hielt das Patent bis ins Jahr 2000. Es ist das meistgenutzte Herbizid der Welt und ebenso umstritten. 2017 haben mehr als eine Million Menschen bei einer EU-Bürgerinitiative für dessen Verbot gestimmt. Sein schlechter Ruf geht unter anderem darauf zurück, dass es als krebserregend gilt. Allerdings ist das umstritten. Die Chemikalienagentur der Europäischen Union (ECHA) sagt, diese Einstufung sei »nicht gerechtfertigt«. Die Weltgesundheitsorganisation (WHO) sagt, dass es »vielleicht krebserregend« sei, diese Einstufung aber auf begrenzter Evidenz beruhe. Aber das heißt nicht, dass es ein Mittel ohne Nebenwirkungen ist.

Monsanto bewarb »Roundup« im Jahr 2005 mit den Worten: »Auch im Umweltverhalten zeigen *Roundup® UltraMax* und *Roundup® TURBO*, was in ihnen steckt: maximale Wirkung bei nur minimaler Belastung der Umwelt.« Das Mittel sei »weder bienengefährlich noch giftig für nützliche Insekten und Kleinlebewesen«, außerdem bestünden »keine Abstandsauflagen zu Oberflächengewässern«. Doch die beruhigenden Worte der Werbung halten der Realität nicht stand.

Die ECHA sieht es als gesichert an, dass Glyphosat schädlich für Wasserlebewesen ist. Eine 2023 veröffentlichte Studie von Wissenschaftlern und Wissenschaftlerinnen der ETH Zürich kommt zu dem Ergebnis, dass das Mittel die Verpuppung von Larven der Gemeinen Florfliege »signifikant stört« – selbst wenn nur ein Drittel der empfohlenen Menge zum Einsatz kommt. Die Auswirkungen auf Bienen waren lange umstritten. Eine Metaanalyse aus dem Jahr 2021 ergab jedoch, dass Glyphosat in den empfohlenen Mengen giftig für Bienen ist. Zudem gibt es deutliche Anzeichen, dass Glyphosat auch dem Leben im Boden schadet. Die Reproduktionsrate von Regenwürmern, die im Boden leben, kann beim Einsatz des Mittels um die Hälfte einbrechen. Regenwürmer, die an der Oberfläche arbeiten, können sich komplett zurückziehen. Mehrere Studien kommen zu dem Schluss, dass es Pilze im Boden erheblich schädigt. Die Lösung für den Erhalt des Bodenlebens kann das Herbizid also nur sein, wenn es sehr behutsam eingesetzt wird.

Der Einsatz in Deutschland ist momentan jedoch alles andere als behutsam. Schätzungen zufolge wird es auf bis zu 40 Prozent der landwirtschaftlichen Flächen in Deutschland eingesetzt. In einigen Regionen wird der Anteil noch höher liegen. Kommt das Mittel dort im Herbst oder Frühjahr auf vielen Flächen gleichzeitig zum Einsatz, können Nahrungsnetze für Insekten und Wildtiere zusammenbrechen.

Doch vergleicht man es mit anderen Herbiziden, kommt Glyphosat besser weg: Es bleibt und wirkt zumeist nur dort, wo es gesprüht wird, es hat eine geringe Lebensdauer und ist für Tiere relativ ungiftig. Momentan überprüft die Europäische Union die Neuzulassung des Mittels. Friederike und Alexander Schierholz sind in Sorge, dass es in Deutschland auch für Direktsaat verboten wird. Und welche Alternative käme für konventionell arbeitende Landwirte und Landwirtinnen nach einem möglichen Verbot? Die Frage ist offen.

»Wir wären zufrieden, wenn man sagen würde: Für Direktsaat wäre ein Mal im Jahr eine Glyphosat-Anwendung zulässig«, sagt Friederike Schierholz, als wir aus dem Maisacker abbiegen und zwischen Gerste und Weizen weiterspazieren.

»Einen halben Liter«, ruft Alexander Schierholz herüber. »Die normale Menge ist drei Liter pro Hektar.«

»Wenn wir wollen, dass es in der breiten Masse einen Wechsel gibt, ist es besser skalierbar, wenn wir Glyphosat weiter hätten«, sagt sie.

Eine Reduzierung des Glyphosat-Einsatzes ist auch deshalb geboten, weil es inzwischen schon sogenannte Superunkräuter gibt, die gegen Herbizide resistent sind. Vor allem dort, wo das Mittel auf großen Flächen eingesetzt wird, ist das ein Problem. In den USA kommt Glyphosat neben gentechnisch verändertem und patentiertem Saatgut zum Einsatz, das gegen das Herbizid resistent ist. Monsanto verkauft dieses Sojasaatgut als »Roundup Ready«. In den USA werden zwei Drittel aller Ackerflächen damit bewirtschaftetet. *Amaranthus palmeri,* eine Pflanzenart aus der Gattung Amarant, hat Resistenzen gegen Glyphosat und andere Herbizide entwickelt. In den USA ist resistentes *Amaranthus palmeri* schon weit verbreitet, was No-till zusehends schwieriger macht. Die

Pflanze wächst bis zu acht Zentimeter pro Tag, so schnell, dass sie Soja- oder Maisfelder zunichtemachen kann. Weltweit hat sich die Zahl Glyphosat-resistenter Unkräuter von 1985 bis 2015 verzehnfacht, um die 40 sind mittlerweile bekannt. Hier in Niedersachsen sind solche Superunkräuter kein großes Problem – zumindest noch nicht.

Später zeigt mir Alexander Schierholz Videos, die in einer WhatsApp-Gruppe für No-till-Landwirte geteilt werden: Videos von Sandverwehungen auf den Straßen, ein Maisfeld, das nach einem Sturm aussieht, als sei es mit dem Sandstrahler malträtiert worden. Zu den Erträgen haben sie noch keine Daten, können noch nicht sagen, ob sie im Vergleich zu den Nachbarn höher oder niedriger liegen. Aber die Winderosion haben sie im Griff. »Die gibt es bei uns nicht mehr«, sagt Friederike Schierholz. »Die Böden der Nachbarn landen dafür auf unseren Feldern.« Sie ist mit der Beobachtung nicht allein. Diverse Studien kommen zu dem Ergebnis, dass No-till sehr effizient Winderosion verhindert. Aber die Schierholz setzen nicht nur auf No-till, sondern halten ihre Felder stets bedeckt, pflanzen Zwischenfrüchte und Untersaaten. Auch das hilft gegen Erosion.

Auf dieser Suche treffe ich viele Idealisten, die große Visionen einer ökologischen Zukunft haben. Familie Schierholz ist pragmatisch. Sie arbeiten mit Überzeugung konventionell. Nicht, um Erträge in die Höhe zu treiben, sondern um Erträge und Erhalt von Boden und Biodiversität miteinander zu vereinbaren. Und um anderen ein Vorbild zu sein. Sie wollen nicht in Bioläden in der Großstadt verkaufen, sondern in den großen Supermarktketten, in denen die Masse einkauft. »Unser Ziel ist, das skalierbar zu machen«, sagt sie. »No-till kannst du auch auf großen Flächen machen. Wir wollen nicht nur eine kleine Schicht bedienen, die sich das leisten kann. Wir wollen Gutes machen, ohne die Leute bekehren zu müssen.«

Am nächsten Morgen schaue ich mir mit Friederike Schierholz einen Acker an, auf dem Erbsen wachsen. Ich probiere ein paar, freue mich über den wunderbar süßen Geschmack und muss leider feststellen, dass ich eine Erbsenallergie habe. Mein Gaumen beginnt zu jucken. Friederike

Schierholz gräbt derweil mit einem Spaten eine Probe aus dem Boden: dunkle Biomasse, zwischen der ich wenige Sandkörner erkennen kann. Boden ist nicht einfach eine Anhäufung von Partikeln, in denen Mikroorganismen leben, es ist ein komplexes Gebilde. Die Hälfte des Bodens sind Poren mit Luft oder Wasser. »Im besten Fall hast du ein Krümelgefüge, und das kann nur biologisch entstehen«, sagt sie. »Das ist mit Schleimstoffen und Mikroorganismen stabilisiert. Nur so bekommst du ein stabiles Krümelgefüge.« Auf diesem Acker ist das Krümelgefüge bisher nur ein paar Millimeter tief, und bei leichten Böden wie hier braucht es besonders lange, ein solches aufzubauen. Aber die Tragfähigkeit, sagt sie, sei schon deutlich höher. Im regenreichen Frühjahr seien die Nachbarn nicht mit dem Traktor in die Felder gekommen, weil sie im Schlamm stecken geblieben seien. »Das hatten wir gar nicht. Wir haben keine Spuren reinbekommen.«

Auf einem Acker des Nachbarn steht ein Traktor mit zwei Anhängern – einem Container und einem Zeltaufbau – zwischen Reihen von Salat. Dahinter und darin arbeiten knapp zwei Dutzend Erntehelfer und Erntehelferinnen für ein großes Gemüseunternehmen aus der Region. Der Boden ist vom Traktor tief durchfurcht. Selbst unter den konventionell pflügenden Nachbarn sei das Unternehmen für seine schädlichen Praktiken in Verruf, dafür würden sie mehr Pacht zahlen, als die Schierholz mit schonender Bearbeitung verdienen könnten. »Für die ist es gleich, ob sie konventionell oder bio anbauen«, sagt Friederike Schierholz. »Nach drei Jahren ist der Boden kaputt, und dann ziehen die weiter.«

No-till spielt seine Vorteile aus, wenn Landwirte im Sommer mit Trockenheit zu kämpfen haben, weil über das Jahr weniger Wasser verdunstet. In feuchten Frühjahren kann zu viel Wasser im Boden aber ein Problem sein. Die Schlitze, die von den Direktsaatmaschinen in den Boden gezogen werden, verschmieren, und das Saatgut kann nicht ausgebracht werden. Der Pflug treibt übermäßige Feuchte aus dem Boden, während Pflanzenüberreste, die bei No-till auf der Oberfläche bleiben, zusätzlich Feuchtigkeit im Boden halten.

Ein Argument für No-till ist, dass es den Klimawandel bekämpfen soll. Durch die Technik soll der Anteil von Bodenhumus, sollen also Kohlenstoffverbindungen im Boden steigen, sodass in der Folge weniger Kohlenstoffdioxid in der Atmosphäre ist. Später lese ich mir Studien dazu durch. Die Ergebnisse sind allerdings wenig eindeutig. Kohlenstoff im Boden ist sehr variabel und schwer zu messen. Zwei Metastudien versuchen, die Ergebnisse zusammenzufassen. Allerdings sind diese komplex: In den obersten Bodenschichten führt No-till oft zu einem Anstieg des Kohlenstoffanteils. Doch unterhalb des Bereichs, in den der Pflug reicht, passiert das Gegenteil: Der Kohlenstoffanteil sinkt. 20 Zentimeter tiefer steigt er dann wieder. Ausschlaggebend ist das Zusammenspiel von Bodenart, Bodenbearbeitung und Fruchtfolge. Der wissenschaftliche Konsens deutet dahin, dass es keinen signifikanten positiven Unterschied zwischen wendender Bodenbearbeitung und No-till gibt. Im Gegenteil, es gibt Studien, die sagen, dass tiefes Pflügen Bodenkohlenstoff in Schichten bringt, wo er weniger reaktiv ist, also sicherer gebunden. Auf lehmigen und – wie bei den Schierholz – sandigen Böden kann der Anteil langfristig um über 40 Prozent erhöht werden. Allerdings ist das tiefe Pflügen zerstörerisch für das Bodenleben und nicht überall möglich.

Während der Pflugeinsatz wahrscheinlich also geringe Auswirkungen auf den Bodenkohlenstoffgehalt hat, ist der Zusammenhang bei einer anderen Technik deutlicher: beim Anbau von Zwischenfrüchten, wie den Felderbsen, die Friederike und Alexander Schierholz auf dem Acker wachsen lassen, auf dem wir gerade stehen. Das Potenzial ist erstaunlich. Baut man beständig Zwischenfrüchte an, können sie Jahr um Jahr im Schnitt 320 Kilogramm Bodenkohlenstoff pro Hektar speichern. Gras und Kleegras sind besonders gut. Am besten ist es, wenn sie lange stehen und tief wurzeln. »Wurzeln sind das zentrale Ausgangsmaterial für die Humusbildung«, heißt es in einem Paper des Thünen-Instituts zu Klimawandel und Landwirtschaft.

Ein Team von Wissenschaftlern hat sich das in einem Feldversuch in Nordschweden angeschaut, der über 52 Jahre lief. Dort wurde in einem

Jahr Getreide angebaut, dann fünf Jahre Gras zur Mahd, und dann wurde gepflügt, um die Rotation neu zu beginnen. So konnten 19 Tonnen Bodenkohlenstoff pro Hektar gespeichert werden. Und je tiefer er gespeichert ist, desto geringer ist nicht nur die Gefahr, dass er als Kohlenstoffdioxid in die Atmosphäre entweicht, sondern desto größer ist auch das Potenzial, weil in größeren Tiefen kaum Kohlenstoff existiert. Zudem bringen Tiefwurzler Wasser und Nährstoffe aus dem Unterboden nach oben und verringern so die Gefahr von Trockenstress.

In Deutschland nutzen wir dieses Potenzial nicht im Ansatz aus. Tiefwurzelnde Zwischenfrüchte werden auf gerade mal 16 Prozent der Ackerflächen gepflanzt. Das geht nicht bei jeder Kultur und in jedem Jahr, aber es könnte mehr als doppelt so viel sein. Während meine allergische Reaktion auf die Erbsen langsam abklingt, erklärt mir Friederike Schierholz, warum es nicht mehr ist: Sie können die Erbsen nicht verkaufen, nicht einmal als Futtermittel. Dafür sind die Produktionssysteme zu sehr auf große Menge angewiesen. Selbst ihre Hühner füttern sie nicht mit den Erbsen, weil das Maschinen und Speicherplatz bedeutet. Es ist günstiger, perfekt zusammengesetztes Futter zu bestellen, und ein Lohnunternehmen, das es zwischen die Pappelreihen bläst, wo die Hühner es aufpicken können.

Nach all den Studien, die ich gelesen habe, bleiben mir weiter Zweifel am Einsatz von Herbiziden wie Glyphosat. Sicher, es ist ein Vorteil, weniger Diesel zu verbrennen, und Erosion lässt sich durch No-till auch verhindern, aber wie rechnet man das gegen andere Schäden auf? Auf der anderen Seite müssen wir uns aber auch der Realität stellen, dass die meisten Landwirte und Landwirtinnen weiterhin konventionell arbeiten und dass ein Glyphosat-Verbot bedeutet, dass andere Herbizide eingesetzt werden, deren Auswirkungen wir noch nicht verstehen.

Es gibt eine Art Kompromiss zwischen No-till und konventionellem Pflugeinsatz: *reduced tillage*. Dabei wird der Boden entweder gar nicht gewendet oder nur in begrenzter Tiefe. Für sie käme *reduced tillage* nicht in Frage, sagt Friederike Schierholz, zu groß sei das Problem der Erosion der sandigen Böden. Damit bleibt die Abhängigkeit von chemischen

Inputs bestehen, aber in geringerem Maße als mit konventioneller Bodenbearbeitung. »Langfristig wollen wir von Insektiziden und Fungiziden wegkommen«, ergänzt sie noch. »Aber auf Herbizide werden wir wohl nie verzichten können.«

Es ist ihr Geburtstag. Am Himmel ziehen Wolken auf. Ein Regenschauer zieht über das Erbsenfeld. Das beste Geschenk.

BODEN II
DER LÄNGSTE FELDVERSUCH

In der Gemeinde Frick im schweizerischen Aargau, gerade hinter der Grenze zu Deutschland, liegt das Forschungsinstitut für biologischen Landbau (FiBL). Das FiBL ist eines der weltweit bedeutendsten Institute in diesem Bereich. Hier wird zu Obst- und Weinbau, Viehhaltung und Ackerbau geforscht. Auf einer Rinderweide liegen Forscher und Forscherinnen und machen Inventur der Gräser und Kräuter. Meike Grosse, studierte Musikerin, ehemalige Geigenlehrerin und Doktorin der Landwirtschaft, führt mich zu einem der längsten Feldversuche zu reduzierter Bodenbearbeitung Europas. »In einer Handvoll gesundem Boden sind mehr Lebewesen als Menschen auf dem Planeten«, sagt Grosse. »Das hat mich schon als Kind fasziniert.« Der Feldversuch hier begann vor 20 Jahren, Grosse betreut ihn seit diesem Jahr.

Vor ein paar Jahren haben sich zwei Kollegen von ihr hier in Frick angeschaut, wie No-till und Biolandbau zu vereinen sind, wie das Dilemma Pflug vs. Herbizide aufzulösen ist. Sie haben Mais im Direktsaatverfahren gepflanzt und die Zwischenfrüchte und Beikräuter mit einem sogenannten Crimperroller kontrolliert. Der Crimperroller ist eine Walze mit stumpfen, v-förmigen Messern, die Zwischenfrüchte plattdrückt, zerquetscht und so abtötet. Das funktioniert mit gewissen Pflanzen, wie der Wintererbse in Kombination mit starkem Frost im Winter, gut, kommt aber bei Gräsern an seine Grenzen.

Den Mais haben sie dann direkt in den so entstandenen Mulch gesät.

Die Ergebnisse waren vielversprechend. Mit Wintererbsen als Zwischenfrucht haben sie im Vergleich zum Pflugeinsatz nur sieben Prozent niedrigere Erträge erzielt. Aber vor allem in feuchten Frühjahren sahen sie Probleme. »Das Anbaurisiko bleibt vorerst unter Biobedingungen noch hoch.« Auch eine Studie, die sich Feldversuche in Deutschland angesehen hat, kommt zu dem Schluss, dass No-till oder *reduced tillage* im Biolandbau derzeit keine Option sei, da die Praktiken »zu Ertragsdepressionen in Verbindung mit Ertragsinstabilität führen«.

»Ich finde es erstrebenswert, in Richtung reduzierter Bodenbearbeitung zu gehen, aber No-till muss es aus meiner Sicht nicht sein. Es ist auch eine Maxime, weil es von Monsanto und Co. sehr gepusht wurde«, erzählt mir Bodenwissenschaftler Paul Mäder, ein Kollege von Grosse am FiBL. So förderte beispielsweise der Ölriese Chevron, der damals noch eine Agrochemiesparte hatte, den amerikanischen Meme-Bauern David Brandt. In Deutschland etwa hat Monsanto zwei Studien zum Nutzen von Glyphosat finanziert. Darin warnt der Autor der Studien, ein Professor an der Universität Gießen, vor Milliardenschäden durch ein Verbot, stellte den Nutzen im Kampf gegen Bodenerosion heraus – und verschwieg dabei die Finanzierung durch Monsanto. Eine der Studien zog das *Journal für Kulturpflanzen*, eine agrarwissenschaftliche Fachzeitschrift, daher zurück. Der Erfolg von No-till hält sich in Deutschland in Grenzen.

Ich habe lange nach Landwirten oder Landwirtinnen gesucht, die No-till und Biolandbau kombinieren. Es gibt einen Gemüsebauern im Westerwald, der großflächig ähnliche Techniken anwendet. Allerdings habe ich keinen Getreidebetrieb in Europa gefunden, der so arbeitet. Grosse sieht dabei gar kein Dilemma von Pflug vs. Herbizide. »Für mich ist die Antwort klar: Glyphosat geht einfach nicht«, sagt sie. »Es ist nicht komplett abbaubar, wie gern dargestellt wird. Es werden immer wieder Rückstände in Boden und Wasser gefunden, auch nach längerer Zeit. Das ist definitiv nicht gesund.« Rückstände bedeuten nicht unbedingt ein ökologisches oder gesundheitliches Risiko, aber Herbizide und Ökolandbau sind nicht nur zwei verschiedene Praktiken, sondern zwei Philosophien, die aufeinanderprallen. Daher forscht Grosse an einer anderen Praktik: *reduced tillage*. Im Gegensatz zu No-till wird bei *reduced tillage* der Boden weiterhin bearbeitet, entweder durch Lockerung der Oberfläche oder mit einem niedrig wendenden Pflug.

Vor uns liegt ein Acker, 260 mal 30 Meter, der in der Mitte von einem zwei Meter breiten Weg getrennt wird. Die beiden Seiten sind wiederum in je 16 Parzellen aufgeteilt, auf denen verschiedene Düngetechniken erprobt werden. Auf der einen Seite wird konventionell gepflügt, auf der anderen Seite reduziert. Ich kann einen Unterschied erkennen. Auf der gepflügten Seite ist der Bewuchs niedriger und von Weißklee dominiert, auf der reduziert gepflügten Seite wächst deutlich mehr Gras zwischen dem Weißklee. Grosse kniet sich auf der reduziert gepflügten Seite hin, bricht mit den Fingern Erde aus dem Boden und zerreibt sie zwischen den Fingern. »Das ist ein sehr schwerer Tonboden hier«, sagt sie. »Aber die Erde ist recht feinkrümelig.« Dann macht sie das Gleiche auf der konventionell gepflügten Seite. »Es ist spürbar, es gibt größere Klumpen. Ich kann kaum etwas abbrechen. Hier gibt es schmierige Klumpen, die hat man auf der anderen Seite nicht.« Später schickt mir Grosse Bilder von Spatenstichen. In den obersten Schichten ist der Boden auf den reduziert bearbeiteten Parzellen deutlich feiner.

Auf diesem Acker in Frick haben sie sich Kohlenstoff, Bodenleben und Erträge angeschaut. Bevor der Versuch im Herbst 2002 startete, wurde hier sieben Jahre lang konventioneller Bioackerbau betrieben und 25 Zentimeter tief gepflügt. Der Boden hatte zu Anfang einen Kohlenstoffanteil von 2,2 Prozent. Nach 15 Jahren *reduced tillage* bis in zehn Zentimeter Tiefe war der Kohlenstoffanteil auf drei Prozent gestiegen, während er sich auf dem konventionell gepflügten Feld kaum verändert hatte. Die Forscher und Forscherinnen in Frick haben sich außerdem angeschaut, wie sich die Düngung mit Gülle, also flüssigen Abfallstoffen aus der Nutztierhaltung, und kompostiertem Stallmist auswirkt. Dabei brachte Stallmist minimal mehr Kohlenstoffaufbau als Gülle. Pro Jahr konnte die Kombination aus Stallmist und *reduced tillage* gut 0,6 Tonnen Kohlenstoff pro Hektar in den Boden bringen. Da Kohlenstoffdioxid

3,67-mal so viel wiegt wie Kohlenstoff, entspricht das ungefähr 2,3 Tonnen Kohlenstoffdioxid, die nicht in die Atmosphäre gelangt sind. Allerdings ist die Studienlage nicht eindeutig, was wahrscheinlich auf die Bodenzusammensetzung der anderen Feldversuche zurückzuführen ist, wie die Wissenschaftler und Wissenschaftlerinnen vermuten. Bei der Messung des Bodenkohlenstoffanteils gibt es zudem viele Fallstricke, von denen ich an anderer Stelle erzählen werde.

Grosse und ich stellen uns in den Schatten am Rande des Feldes, während mein Hund Omali sich im Gras wälzt. Es scheint ihm zu gefallen. Grosse dagegen sorgt sich, dass er auf den Feldversuch macht und die Werte so verzerrt werden. Künstlicher Dünger im konventionellen Landbau ist direkt pflanzenverfügbar. Es braucht keine Interaktion von Würmern, Bakterien, Pilzen und Wurzeln. »Die Mikroorganismen im Boden sind unterbeschäftigt«, sagt Grosse. Der Boden im ökologischen Landbau hingegen braucht Humus, braucht Leben, um produktiv zu sein. Deshalb ist die organische Düngung, etwa durch Stallmist, enorm wichtig. Dadurch wird dem Boden zumindest ein Teil der Biomasse zurückgegeben, die ihm durch die Ernte entnommen wurde. Obwohl wir einen großen Überschuss an Mist und Gülle haben, werden nur 60 Prozent der Äcker in Deutschland damit gedüngt. Ökologisch bewirtschaftete Äcker haben laut einer Metastudie aus dem Jahr 2021 dementsprechend deutlich mehr Bodenkohlenstoff als konventionell bewirtschaftete Äcker.

»Für uns ist die Biomasse von Regenwürmern und Mikroorganismen ein Indikator für die Bodenfruchtbarkeit«, erzählt mir Grosse weiter. Da liegt der reduziert bearbeitete Boden weit vorne. Dort gibt es deutlich mehr Mykorrhiza, also das Geflecht aus Bodenpilzen, mehr Einzeller, mehr Bakterien, aber vor allem Regenwürmer profitieren. Nach 15 Jahren war ihre Masse doppelt so hoch.

Mit *reduced tillage* konnten sie hier in trockenen Jahren erstaunliche Ergebnisse erzielen: Der Maisertrag war bis zu 34 Prozent höher als jener auf der konventionell gepflügten Vergleichsfläche. Aber über die 21 Jahre gerechnet, sind die Erträge auf der Seite mit reduzierter Bearbeitung vier Prozent niedriger. Wobei das vor allem ein Ausdruck der

Einschränkungen des Versuchsaufbaus ist. Auf beiden Seiten wird jeweils die gleiche Fruchtfolge gesät. Das Einzige, was sich unterscheidet, ist die Bodenbearbeitung. Bei der reduzierten Bodenbearbeitung sollten aber auch Fruchtfolge und der Zeitpunkt des Umbruchs, also wann der Boden für die nächste Pflanzung vorbereitet wird, angepasst werden.

»Bei den vier Prozent habe ich zwei Jahre ausgelassen«, erzählt mir Grosse. In diesen zwei Jahren haben sie Umbruch und Fruchtfolge angepasst. »Wenn ich die Jahre mit reinnehmen würde, dann hätten wir keinen Unterschied.« Es ist eine Erkenntnis, die ich im Lauf dieser Recherche immer wieder habe: Das Management ist entscheidend, der richtige Zeitpunkt, die richtigen Sorten, die Art der Bearbeitung. »Es geht auch anders. Es ist nur nicht einfach. Ökolandbau ist schwieriger«, sagt Grosse.

SOMMER

DÜRRE
UNSER GARTEN VERDORRT

Sommer in Katalonien. Langsam beginnt die Erntezeit. An einem der Apfelbäume, die wir im Jahr zuvor gepflanzt haben, zähle ich die ersten Früchte – 21 Äpfel der Sorte Kaiser Wilhelm. Der Schöne aus Boskoop und der Schöne aus Bath und auch Zwetschge und Birne tragen noch nicht. Und die Pfirsiche haben erst unter den späten Frösten, dann unter dem Frühjahrsregen gelitten. Sie sind von einem Pilz befallen, der die Kräuselkrankheit auslöst, wodurch sich die Blätter zusammenziehen wie die Haut auf den Fingern nach einem langen Bad und schließlich abfallen. Das raubt den Bäumen Kraft, die sie nicht mehr in die Früchte stecken können.

Auf Feld II blühen die Leguminosen um die Wette. Der Inkarnat-Klee legt vor. Seine pinkfarbenen, kegelförmig angeordneten Blüten stehen etwa 20 Zentimeter hoch. Dazwischen schiebt sich Phacelia, auch Bienenfreund genannt, in Richtung Sonne und entfaltet hellviolette Blüten mit hervorstehenden, dunkelvioletten Staubfäden und -beuteln. Zuletzt nimmt die Esparsette mit ihrem kegelförmigen, rosafarbenen Blütenstand überhand. Dazwischen wachsen vereinzelt Sonnenblumen, Mohnblumen und Malven.

Wenn man auf Feld II tritt, wird man von einem Insektenkonzert mit unzähligen Stimmen begrüßt. Es ist ein Festmahl für die ansässigen Tiere. Ich bin erstaunt, wie viele unterschiedliche Arten es gibt: Hummeln, Hosenbienen, Zebrafalter, Schwebfliegen, die aussehen wie

Bienen und wie Bienen bestäuben, aber in Wirklichkeit Fliegen sind, und viele, viele andere. Mein Favorit ist die fette, tiefschwarze Kleine Holzbiene, die etwas träge und immer einzelgängerisch von Blütenstand zu Blütenstand summt.

Wir ziehen türkische Rauke, Spargel, Winterbrokkoli, Mangold und vieles andere vor. Am Spargel finden sich nur noch wenige Eier des Gemeinen Spargelhähnchens. Die Erzwespe hat scheinbar ihre Dienste erfolgreich verrichtet. An den Szechuanpfeffer-Sträuchern entdecke ich unzählige kleine, grüne Früchte. Und an den Granatäpfeln erscheinen die ersten prächtigen, dunkelroten Blüten. Es scheint ein gutes Jahr zu werden.

Doch Ende Mai hat eine Hitzewelle in Spanien und weiten Teilen Europas ihren Anfang genommen, die bis in den Herbst anhalten wird. In Katalonien werden die Temperaturen Monat um Monat fünf Grad über dem langjährigen Mittel liegen. Sommergewitter bleiben aus. Der Riera de Llémena, der Bach unten im Tal, wird langsam zum Rinnsal und trocknet in weiten Teilen komplett aus. Unsere Tomaten scheinen an den Sträuchern zu kochen – sie verschrumpeln, als wären sie vom Busch getrennt. Wir kommen mit dem Wässern nicht mehr nach, lassen Gemüse eingehen und konzentrieren uns auf die Obstbäume. Die kommen mit der Trockenheit besser zurecht als zarte Gemüsepflänzchen, aber irgendwann ist bei ihnen auch ein Limit erreicht. Der Garten verwandelt sich in eine gelbe, tote Landschaft. Von den knapp zwei Meter hohen spanischen Artischocken verwelken die Blätter, und die dürren Stiele ragen in den Himmel.

Auch auf dem Markt in Girona, der größten Stadt in der Gegend, schwindet das Angebot am Biostand unseres Vertrauens merklich. Die Ironie Spaniens ist, dass es nach Frankreich der größte Produzent für Biogemüse und -getreide Europas ist, aber das wird zu einem großen Teil exportiert. Beim Pro-Kopf-Konsum liegt Spanien europaweit auf Platz 15, beim Gesamtumsatz auf Platz sieben. Das Gemüseangebot in den großen Supermarktketten ist traurig – geschmacklose Tomaten, hochglänzende Auberginen. Auf dem Markt bekommt man immerhin regionale

Produkte, die aber so auch von regionalen Wetterschwankungen abhängig sind. Wenn unser Gemüse schlecht wächst, ist die Gemüseauswahl auf dem Markt dementsprechend mau, und Zwiebeln und Tomaten dominieren das Angebot.

In Spanien und Frankreich brechen Rekord-Waldbrände aus. Auch die Wälder im Vall de Llémena sind ausgetrocknet. Ich schaue jeden Tag auf die Wetter-App in der Sorge, dass die Waldbrände auch uns treffen könnten. Wir überlegen, wie wir uns und das Haus schützen können. Außer in einem Korridor um das Haus Gestrüpp und anderes brennbares Material zu entfernen, fällt mir nicht viel ein. Mitte August kommt dann die Erleichterung. Aus dem Osten kommend, ziehen schwere, dunkle Wolken über das Tal und brechen in heftigen Hagelschauern und Regengüssen nieder. Es ist faszinierend zu sehen, wie schnell sich kleinere Pflanzen nach so einem Regenguss wieder erholen. Ein paar Tage später ist der Garten wieder ergrünt. Aber es ist ein trügerisches Grün, denn das Wasser dringt kaum in tiefere Schichten vor, wo es lange gespeichert wird. Die durstigen Pflanzen verbrauchen es sofort.

Hydrologen unterscheiden daher zwischen unterschiedlichen Dürrearten. Wenn es nicht regnet, spricht man von einer meteorologischen Dürre. Wenn Seen, Flüsse oder Grundwasserreserven austrocknen, spricht man von hydrologischer Dürre. Wenn Flüsse nicht befahrbar oder Atomkraftwerke nicht zu kühlen sind, wird das als sozioökonomische Dürre bezeichnet. Für unsere Lebensmittelversorgung ist aber vor allem die landwirtschaftliche Dürre entscheidend, da sie die Bodenschicht betrifft, in der ein Großteil unserer Nahrung angebaut wird. Diese Dürren können parallel auftreten oder zu unterschiedlichen Zeiten. Im Winter kann es etwa lange nicht regnen, aber der Boden ist wegen niedriger Temperaturen weiterhin feucht. Im Sommer kann ein Gewitter eine landwirtschaftliche Dürre beenden, aber die hydrologische Dürre besteht weiter. Genau das sehe ich auf Sota la Quinta: grüne Äcker und ein austrocknender Fluss.

In Deutschland müsste es anderthalb Jahre konstant regnen, damit das Grundwasser wieder auf den Stand von 2018 kommt. Bei uns in

Spanien dürfte es ähnlich sein. Der Riera de Llémena erholt sich trotz des Regens nicht. Ich lese ein Interview mit einem Hydrologen, der sagt, er könne sich nicht vorstellen, dass in Spanien Mitte des Jahrhunderts noch Landwirtschaft betrieben werden kann.

Im August reise ich für eine Geschichte über die Mesopotamischen Marschen in den Irak. Sie waren einst das größte Sumpfgebiet Eurasiens, dem Superkontinent zwischen Portugal und Japan, Sri Lanka und Sibirien. Das Marschland war beinahe so groß wie die Schweiz, ein ökologisches Wunder. Heute ist davon noch ein Viertel übrig. Die Hirten, die ihre Büffel durch das Marschland ziehen ließen, müssen dabei zusehen, wie ihre Tiere verenden. Dattelbauern müssen ihre Plantagen aufgeben, weil die Böden so versalzt sind. Im Irak kommt vieles zusammen – Korruption, Misswirtschaft, ineffizienter Umgang mit Wasser, Nachbarländer, die Dämme bauen –, aber der Klimawandel scheint der endgültige Todesstoß für das Marschland und die Landwirtschaft in der Region zu sein. Ausgerechnet dort, zwischen Euphrat und Tigris, wo vor 10 000 Jahren Landwirtschaft begann, ist einer der Orte, wo sie zu enden scheint.

Ich besuche ein Dorf in den Marschen, das sich Ishan Halab nennt – Insel der Milch im Überfluss. Das Dorf liegt an der Grenze zwischen den schwindenden Marschen und der sich ausbreitenden Wüste. Es gibt kaum einen Ort auf der Welt, wo Ursache und Wirkung der Klimakrise so nahe beieinanderliegen wie im Irak. Unter dem Marschland liegen einige der größten Ölfelder der Welt. Vor meinen Augen versucht eine Familie ihren kranken Büffel zu retten, indem sie ihn in einen Tümpel zerrt. Am Horizont sehe ich Flammen in den Himmel steigen, in denen überschüssiges Gas verbrannt wird. Der Himmel ist stets blassgrau. Die Luftverschmutzung raubt ihm seine Farbe. »Wir warten nur noch auf unseren Tod«, erklärt mir einer der Hirten.

Ich lese immer wieder, dass wir uns an den Klimawandel anpassen, dass die Menschheit das schon immer gemacht hätte. Neue Zuchtmethoden – ein Begriff, der präzisere Formen der Gentechnik bezeichnet – sollen Kulturpflanzen etwa resilienter gegen Hitze und Dürre machen. Das mag helfen, aber irgendwann ist auch da ein Limit erreicht. Wenn es nicht regnet, wächst nichts. Wenn die Temperaturen über die 40-Grad-Marke gehen, wächst nichts, Photosynthese ist dann nicht mehr möglich. Da kann man so viel Gentechnik betreiben, wie man will, Physik, Chemie und Biologie kann man ausreizen, aber nicht überwinden. Bei der Frage, woher diese oft unumstößliche Technikgläubigkeit kommt, wo doch die negativen Konsequenzen des Fortschrittes so offensichtlich sind, stößt man unweigerlich auf die Landwirtschaft und deren Entwicklung seit dem Zweiten Weltkrieg – ein Thema, dem ich mich im folgenden Kapitel widme.

ZYKLEN
URSÜNDE UND SEGEN DER INDUSTRIALISIERTEN LANDWIRTSCHAFT

Vor ein paar Monaten habe ich mit David Keith, einem bekannten amerikanischen Klimaforscher, gesprochen, der in Harvard an einer irren Idee forscht: die Sonne zu verdunkeln, um den Klimawandel zu bremsen. Bei dem sogenannten *Solar Radiation Management* (SRM) würde man Aerosole in der Stratosphäre ausbringen, um einen Teil der Sonnenstrahlung in den Weltraum zurückzuwerfen und so die globalen Temperaturen zu senken. Bei Vulkanausbrüchen kann man diesen Effekt beobachten. Nach dem Ausbruch des philippinischen Vulkans Pinatubo 1991 sank die Temperatur für rund drei Jahre um etwa ein Grad.

Die Idee des SRM ist extrem umstritten – vor allem, weil es Konsequenzen haben könnte, die uns nicht im Ansatz bewusst sind. Dahinter steht eine Ideologie, die in Innovation Rettung sieht und negative Konsequenzen oft ignoriert. Keith selber sagt, dass es eine »brutal hässliche technologische Korrektur« wäre.

Als ich Keith gegenüber vermutete, dass SRM vermutlich der größte Eingriff in das Erdsystem wäre, den der Mensch jemals unternommen hat, tat er es ab. Es gebe einen anderen, der viel größer sei, den wir schon längst unternommen hätten, ohne lange darüber nachzudenken: den Eingriff in den Stickstoffzyklus des Planeten. Je nach Sichtweise ist es die Ursünde der industrialisierten Landwirtschaft oder der größte Segen für die Menschheit – oder beides. Dieser Eingriff geht zunächst auf zwei deutsche Forscher zurück, die in der breiten Öffentlichkeit kaum bekannt sind, über die zumindest ich nie etwas in der Schule gehört habe, die aber statistisch gesehen zu einem großen Teil dafür verantwortlich sind, dass ich, dass wir, dass die Hälfte der acht Milliarden anderen Menschen überhaupt auf diesem Planeten sind: Fritz Haber und Carl Bosch. Die Geschichte des Chemikers Haber und des Industriellen Bosch ist tragisch.

Fritz Haber gilt als »Vater des Gaskriegs«. Er entwickelte zu Anfang des Ersten Weltkriegs Giftgas, formierte die deutschen Gastruppen, die es zum ersten Mal als Massenvernichtungswaffen einsetzten. Nach dem Krieg versuchte er erfolglos, Gold aus Meerwasser zu gewinnen, womit die deutschen Reparationszahlungen beglichen werden sollten. Ab 1925 saß Haber im Aufsichtsrat der I.G. Farben, einem Zusammenschluss von acht deutschen Chemieunternehmen, unter anderem BASF und Bayer. In seiner Zeit als Chemie-Professor an der Technischen Hochschule in Karlsruhe hatte Haber bis 1908 ein Verfahren zur Ammoniaksynthese entwickelt – also zur künstlichen Fixierung von Stickstoff in der Stickstoffverbindung Ammoniak –, das er ein Jahr später mit Carl Bosch zum sogenannten Haber-Bosch-Verfahren weiterentwickelt hatte, wofür ihm 1919 der Chemie-Nobelpreis zuerkannt wurde.

Carl Bosch war ebenfalls Chemiker, und nach einer Zeit in der Wissenschaft heuerte er Ende des 19. Jahrhunderts bei BASF an, der Badischen Anilin- & Sodafabrik. Dort wurde er mit der künstlichen Herstellung von Natriumnitrat betraut, das eine wichtige Grundlage für Dünger und Sprengstoff ist. 1909 beauftragte die BASF Bosch, Habers Verfahren zur Ammoniaksynthese zu industrialisieren. Bereits vier Jahre später ging in Ludwigshafen die erste Haber-Bosch-Anlage in Betrieb, die bereits im Jahr darauf 40 Tonnen Ammoniak pro Tag produzieren konnte. Die Massenproduktion von Stickstoffdünger war der Beginn der größten landwirtschaftlichen Revolution der Menschheitsgeschichte.

Bosch bekam für seine Leistungen bei der Entwicklung des Haber-Bosch-Verfahrens 1931 den Nobelpreis für Chemie, während Haber, der

Jude war, nach der Machtergreifung der Nationalsozialisten im August 1933 nach England emigrierte und kurz darauf während einer Reise in Basel starb. Die I.G. Farben produzierte in einem Nebenlager von Auschwitz synthetischen Kautschuk für die deutsche Rüstungsindustrie. Die Degesch, die Deutsche Gesellschaft für Schädlingsbekämpfung, ein Unternehmen, an dem die I.G. Farben zu 42,5 Prozent beteiligt war, produzierte Zyklon B. Das Gas setzten die Nationalsozialisten in Auschwitz für die industrialisierte Massenermordung von Millionen Menschen ein. Die BASF und Bayer sind heute die beiden größten Agrarchemieunternehmen der Welt – die BASF ist sogar das größte Chemieunternehmen der Welt. Beide produzieren unter anderem Herbizide, Fungizide und Insektizide. Sie sind maßgeblich an der Industrialisierung der Landwirtschaft beteiligt und mit ihr zu Giganten geworden.

Um den Einfluss des Haber-Bosch-Verfahrens zu verstehen, lohnt es sich, 100 Jahre zurückzuspringen – zum Chemiker Justus von Liebig, der in Gießen und München Universitätsprofessor war und sich den Grundlagen des Pflanzenwachstums widmete. Liebig hatte die Hungersnot 1816 miterlebt und wollte verhindern, dass es noch mal zu einer solchen kam. Bis dahin hatte man angenommen, dass sich Pflanzen aus dem Boden ausschließlich von Humus ernähren. Liebig verstand, dass Pflanzenwachstum erheblich von Bodenmineralien abhängt. »Im Gegensatz zu den unorganischen Nahrungsstoffen, welche die Pflanzen aus der Luft empfangen, bedürfen sie zur Bildung und Entwicklung ihres Leibes gewisser unorganischer Substanzen«, schrieb er. Dazu gehörten: Nitrat, Kalium, Phosphat. Seine Erkenntnisse waren ein großer Schritt auf dem Weg zur hocheffizienten, industrialisierten Landwirtschaft, die heute unsere Nahrungsmittelproduktion dominiert.

Gibt es einen Mangel eines Elements, das wichtig für das Pflanzenwachstum ist, begrenzt dieser den maximalen Ertrag. Das bezeichnet man als Minimumfaktor. Man kann sich das ganz einfach vorstellen: Wenn man ein Haus gegen Einbrecher absichern will, können neun von zehn Fenstern noch so einbruchsicher sein, wenn das zehnte offen steht, bestimmt das die Sicherheit des ganzen Hauses.

Phosphat und Kalium können sich im Gegensatz zur Stickstoffverbindung Nitrat nicht organisch regenerieren. Liebig machte sich Mitte des 19. Jahrhunderts daran, den Minimumfaktor Phosphat zu eliminieren. Heraus kam das sogenannte Superphosphat, ein wasserlösliches Granulat, das aus der Asche von Tierknochen gewonnen wurde. Wenige Jahre später begann zudem die industrielle Stahlproduktion, bei der Phosphat als Nebenprodukt anfiel. Und ebenfalls Ende des 19. Jahrhunderts begann in Sachsen-Anhalt das erste Kalibergwerk der Welt mit der Förderung. Phosphat und Kalium waren als Minimumfaktoren Geschichte. Mit erstaunlichem Erfolg. Vom Ende des 19. bis zum Anfang des 20. Jahrhunderts verdoppelten sich die landwirtschaftlichen Erträge in Deutschland.

Damit blieb noch pflanzenverfügbarer Stickstoff, etwa in Form von Ammoniak oder Nitraten, als Minimumfaktor. Stickstoff stellt zwar 78 Prozent des Volumens der Atmosphäre, aber nicht alle Pflanzen können ihn direkt nutzen. Dafür gibt es Spezialisten. Krautige Leguminosen wie Erbsen, Wicken oder Erdnüsse, aber auch Bäume wie die Robinie, Erle oder Sträucher wie Sanddorn gehen über ihre Wurzelknöllchen mit stickstoffoxidierenden Bakterien, den Rhizobien oder den Frankia, eine Symbiose ein und sind dadurch nicht nur unabhängig vom Stickstoffgehalt des Bodens, sondern können ihn auch anderen Pflanzen zur Verfügung stellen.

Auf Weizenfeldern oder anderen Monokulturen sind diese Stickstoffbinder aber meist nicht vorhanden. Das heißt, Stickstoff muss von außen eingebracht werden. Das ging lange Zeit nur über Mist von Vieh. Ab dem frühen 19. Jahrhundert nutzte man auch Guano, getrockneten Vogelkot, der sich auf felsigen Inseln angesammelt hatte. 1804 brachte der Forscher und Entdecker Alexander von Humboldt die ersten Guano-Proben aus Peru mit nach Europa, ließ sie chemisch analysieren und löste damit später einen Guano-Boom aus. Der staubtrockene Vogelkot wurde so wertvoll, dass die USA 1856 ein Gesetz erließen, durch das unbewohnte Inseln mit Guano-Vorkommen, die von Amerikanern entdeckt werden, automatisch zum amerikanischen Staatsgebiet erklärt werden. Es gilt bis heute. Und der Kampf um Vogelscheiße führte Mitte des 19. Jahrhunderts sogar zum Spanisch-Südamerikanischen Krieg zwischen Spanien auf der einen und Chile und Peru auf der anderen Seite.

Das Haber-Bosch-Verfahren beseitigte schließlich den Minimumfaktor pflanzenverfügbarer Stickstoff. Aber damit kam ein anderes Problem auf. Dünger kann Pflanzen zu schnell wachsen lassen. Gewisse Weizensorten reagieren in Kombination mit anderen Faktoren wie Sonnenstunden so stark auf Dünger, dass sie zu schnell, zu dünn und zu lang wachsen und dann bei Wind und Regen umknicken – das Fachwort dafür ist Lagern. Oftmals überschatteten die Verluste durch das Lagern Ertragsgewinne durch Dünger. Die Lösung für dieses Problem fand ein amerikanischer Bauernsohn in Mexiko.

Im Juli 1944 ließ der Agrarwissenschaftler Norman Borlaug seinen Job beim amerikanischen Chemieriesen DuPont hinter sich und flog mit seiner Frau und seiner Tochter nach Mexiko. Das Land importierte damals 60 Prozent seines Weizenbedarfs. Auf Betreiben der US-Regierung begann die mexikanische Regierung eine Kooperation mit der Rockefeller Foundation, um das Land unabhängiger von landwirtschaftlichen Importen zu machen. Borlaug forschte in Mexiko für zehn Jahre an neuen Weizensorten und schuf 6000 Kreuzungen, um Pflanzen zu finden, die gegenüber dem Pilz Getreiderost resistent waren. Der Pilz hatte in Mexiko wenige Jahre zuvor zwei Ernten verheert.

Dann wandte er sich Anfang der 50er-Jahre dem Problem des Lagerns durch Dünger zu. Dafür beschaffte er sich kurzwachsende Weizensorten aus Japan und kreuzte sie mit seinen krankheitsresistenten Sorten. Heraus kamen die Sorten Pitic 62 und Penjamo 62. Sie waren ein schwindelerregender Erfolg. Bis 1963 bauten mexikanische Bauern die Sorten auf 95 Prozent der Äcker an. Der Ertrag versechsfachte sich im Vergleich zu 1944, und Mexiko wurde zum Nettoexporteur für Weizen. Borlaug trug seine Forschung nach Indien und Pakistan, wo die Erträge sich innerhalb von fünf Jahren fast verdoppelten. 1970 erhielt Borlaug für seine Arbeit den Friedensnobelpreis und ging als »Vater der grünen Revolution« in die Geschichte ein.

Wenn man Zweifel am Fortschrittsglauben anmeldet, wird einem oft vorgeworfen, dass man Thomas Malthus' Ideen anhänge. Dieser formulierte Ende des 18. Jahrhunderts die Hypothese, Ertragssteigerungen in der Landwirtschaft wüchsen linear, während die Bevölkerung exponentiell wachse. Irgendwann müssten diese Trends unweigerlich zu Hunger, Elend und dem Einbruch der Bevölkerung führen. »Die Macht der Bevölkerung ist der Macht der Erde, den Lebensunterhalt für den Menschen zu produzieren, so überlegen, dass der vorzeitige Tod die Menschheit in irgendeiner Form heimsuchen muss«, schrieb Malthus in seinem Essay »On the Principle of Population«. Nun schien es, als hätte Borlaug Malthus' These auf den Schultern von Haber und Bosch widerlegt.

Die Zahl der Hungernden ging Jahr um Jahr zurück. Das Paradigma der Grünen Revolution – hochgezüchtete Kulturpflanzen, Dünger, Pestizide, fossile Energie und Mechanisierung – bestimmt bis heute die konventionelle Landwirtschaft. Bis heute gilt NPK-Dünger mit den Nährstoffen Stickstoff, Phosphat und Kalium als sogenannter Volldünger. »Eine gute Versorgung mit NPK ist Grundvoraussetzung für das Ausschöpfen des vollen Ertragspotenzials«, schreibt etwa Bayer auf seiner Webseite. Aber schon Liebig war bewusst, dass die Reduktion auf diese Elemente dem komplexen System hinter Pflanzenwachstum und landwirtschaftlichem Ertrag nicht gerecht wird. »Wir neigen viel zu sehr dazu, Dingen, die das Ergebnis vieler Ursachen sind, einer einzigen zuzuschreiben«, schrieb er. NPK-Dünger degradiert Boden zu Substrat, vergisst Leben, vergisst Humus.

BODEN III
EIN ÖSTERREICHISCHER LANDWIRT UND SEINE FÜNF MILLIONEN REGENWÜRMER

An einem bewölkten Spätsommertag zeigt mir Alfred Grand die Tiere, für die er den Wein aufgegeben hat. Grand, kompakte Statur, kurz geschorenes graues Haar, steigt auf ein Podest neben einer 50 Meter langen, offenen Wanne. Darin streift er mit seiner massiven rechten Hand fein gehäckselten und langsam zerfallenden Grünschnitt zur Seite. Im dunkelbraunen Substrat kommen feine, rosarote Würmer zum Vorschein, die gleich wieder unter die Oberfläche flüchten. Grand nimmt vorsichtig ein paar in die Hand. »In der Natur leben sie im Woid«, sagt er in breitem Niederösterreichisch, betrachtet sie einen Moment und legt sie vorsichtig zurück, damit sie den Grünschnitt weiter in wertvollen Humus verwandeln können.

Grands Hof liegt in der Gemeinde Absdorf, 30 Kilometer westlich von Wien. Zu ihm komme ich, weil ich mehr über Boden lernen will. Die Würmer sind ein Teil davon. Sie sind wichtige Helfer für Bodengesundheit. Sie bauen organisches Material ab, gleichen pH-Werte aus, durchlüften Böden und erhöhen so deren Aufnahmefähigkeit für Wasser. Ihre Ausscheidungen – also der Regenwurmhumus – sind nicht nur voller Nährstoffe, sondern enthalten auch eine Vielzahl von Mikroorganismen, die neben vielen anderen Eigenschaften die Keimfähigkeit von Saaten erhöhen und Pflanzen resistenter gegen Krankheiten machen.

Mit seinen fünf Millionen Würmern ist Grand sicherlich ein Sonderling hier auf dem flachen Land. Auf meiner Reise ist er aber einer der wenigen, der kein Quereinsteiger ist. Grands 90 Hektar großer Hof ist seit dem 17. oder 18. Jahrhundert in der Hand der Familie. So genau weiß er das nicht. Er half seinen Eltern, ging auf die Landwirtschaftsschule, machte die Gesellenprüfung. Vor 25 Jahren begann er den Hof sukzessive zu übernehmen. 2006 stellte er auf biologische Landwirtschaft um. Damals gehörten ihm noch ein paar Hektar Weinreben, wie vielen Bauern in der Umgebung.

Doch ihm war das nicht genug. »Ich habe nur eine einfache Schulbildung genossen«, sagt er. Also begann er, sich weiterzubilden, begann, sich mit dem Leben im Boden zu beschäftigen, Studien zu lesen, meist auf Englisch. »Das war nicht so einfach für mich«, erzählt er. Schließlich reiste er nach Kalifornien, wo er an der Universität von Berkeley Wissenschaftler traf. Sie erzählten von den beinahe magischen Eigenschaften einer scheinbar profanen Substanz: Regenwurmhumus.

Grand war fasziniert. »Will ich einer von 10 000 Weinbauern sein oder der einzige Produzent für Regenwurmhumus in Europa?«, fragte er sich. Seine Antwort war klar. Er ging zur Landwirtschaftskammer, suchte Unterstützung, traf aber nur auf Unverständnis. »Sie wollen Regenwurmkacke in Säckchen abfüllen und verkaufen? Das Geschäftsmodell kann man vielleicht noch mal überdenken«, habe man ihm damals gesagt. Grand ließ sich nicht beirren, gab die Weinreben auf und spezialisierte sich 2009 auf Regenwurmhumus, schrieb ein Buch über Biodünger mit und wurde zum Lobbyisten für Biolandwirtschaft.

»Wir wollen zukunftsfähige Lebensmittelproduktion hier im Betrieb gemeinsam mit der Wissenschaft erforschen, evaluieren, verbessern und dann gegenüber Berufskollegen, aber auch gegenüber der Gesellschaft demonstrieren«, erklärt er mir. »Das war die Idee.« Wenn Grand nicht gerade mit mir oder seinen Mitarbeitern spricht, wandert er telefonierend durch den Garten, Headset im Ohr. Grand ist gut vernetzt, ab 2014 lud ihn die Europäische Kommission zu Forschungsprojekten ein. Erst als Teilnehmer, 2019 überlegte er sich dann als Bodenexperte für das

Alfred Grand in seinem Marktgarten

Forschungsprogramm »Horizon Europe« Strategien für die Landwirtschaft der Zukunft. Zwei Konzepte wollte er dafür umsetzen und erforschen. Zum einen Agroforst, zum anderen die Marktgärtnerei, für die ich mich vor allem interessiere.

Auf einem Hektar betreibt er seit damals den Grand Garten, eine Marktgärtnerei, die Menschen in umliegenden Dörfern mit frischem, saisonalem, ökologisch angebautem Gemüse versorgt. »Es ist eine wiederentdeckte Form der Landbewirtschaftung«, sagt Grand. Wir tendieren dazu, das Essen der Vergangenheit zu romantisieren, klagen über Gemüse, das heutzutage gar kein Gemüse mehr sei. Es war früher nicht besser. In Deutschland gab es Kartoffeln und Zwiebeln, Kraut und Rüben, Fisch an der Küste und mit zunehmendem Wachstum immer öfter Fleisch und Milchprodukte. Die Gemüseauswahl war mager und kam oft aus dem eigenen Garten. Paris hingegen war bis ins 20. Jahrhundert für seine kleinen Gemüsegärten mitten in der Stadt berühmt, die nicht nur Essen produzierten, sondern auch den Pferdemist, der mit den Kutschen damals noch anfiel, als Dünger verwendeten. Es war ein zirkuläres System mit wenigen Inputs von außerhalb. Mit der industriellen Landwirtschaft starben die Marktgärten in westlichen Ländern weitgehend aus.

In den 90er-Jahren begann dann ausgehend von den USA eine Renaissance der Marktgärtnerei. Damals schrieb der Amerikaner Eliot Coleman, der im Nordosten der USA ganzjährig Biogemüse für den Direktverkauf anbaut, zwei einflussreiche Bücher über seine Anbaupraktiken: *The New Organic Grower* und *Four-Season Harvest.* Er setzt auf biologische anstatt technische, präventive anstatt korrektive Lösungen, plädiert dafür, die Kräfte der Natur zu nutzen, anstatt dagegen anzukämpfen, und sah schon damals großes Potenzial in kleinen Farmen mit starker sozialer Kundenbindung. Bio-intensiv nennt sich diese Form der Landwirtschaft, das heißt, sie will möglichst hohe Erträge ohne künstlichen Dünger, Herbizide oder Pestizide erreichen.

1992 bis 2012 stieg die Zahl der Kleinstfarmen mit weniger als vier Hektar in den Bundesstaaten Neuenglands – also dort, wo Coleman seinen Hof betreibt – von 2800 auf 7500. In weiten Teilen Europas steckt die Renaissance jedoch noch in den Kinderschuhen. 2019 gab es laut der Bundesanstalt für Landwirtschaft und Ernährung (BLE) gerade 20 solcher Betriebe in Deutschland. Alfred Grand will das ändern. Bis 2035, das ist sein Plan, soll jede Gemeinde in der EU einen Marktgarten haben – sein Garten soll Modell dafür sein. Und weil er Pläne hat, die über die niederösterreichische Provinz reichen, benannte er seinen Betrieb von »Landwirtschaft Grand« in »Grand Farm for Research and Demonstration« um.

Mit kleinen Flächen und wenig Maschinen haben Marktgärten einen großen Vorteil: Sie können dichter und diverser bepflanzt werden, als es die mechanisierte Landwirtschaft vermag, wo für Traktorspuren Platz verloren geht. Laut der BLE erreichen Marktgärten auf weniger als einem Hektar oft Umsätze von 100 000 Euro pro Jahr und Gewinnspannen von 45 Prozent. Der durchschnittliche deutsche Ackerbauer verdient keine 800 Euro pro Hektar. Der Nachteil ist, dass es dafür mehr Arbeitskraft braucht. An diesem Spätsommertag befreit ein halbes Dutzend Angestellte und Praktikanten die 30 Meter langen Beete von Unkraut, pflanzt Kohlsprösslinge für die Winterernte zwischen Salatpflanzen. Bevor sie die eine Ernte einfahren, ist schon die nächste in denselben Beeten gepflanzt, sodass permanent angebaut wird.

Bio-intensive Landwirtschaft wäre mit der derzeitigen Landmaschinentechnik auf großen Flächen nicht möglich. Die einzige Maschine, die sie hier für die Bodenkultivierung nutzen, ist ein Einachsschlepper. Das ist eine Art zweirädriger Minitraktor, den man vor sich her steuert. Daran kann man Rasenmäher oder Bodenfräse anbringen. In Grands Garten benutzen sie vor allem eine sogenannte Kreiselegge, die nur oberflächlich Unkraut entfernt. Ansonsten graben sie den Boden nicht um, sondern mulchen ihn mit Kompost. Das ist auch eine Form des No-till-Anbaus, auf kleineren Flächen, mit mehr Handarbeit. Die Ergebnisse davon sind schon nach drei Jahren zu sehen.

Grand steigt in ein 1,60 Meter tiefes, zwei mal zwei Meter großes Loch hinab, das er in seinem Garten gegraben hat, um das Bodenprofil sichtbar zu machen. An der Kopfseite schneidet das Loch durch Boden, in dem Grand noch keine Marktgärtnerei betreibt. Auf der rechten Seite sieht man das Resultat von drei Jahren No-till. Ich kann den Unterschied deutlich erkennen. An der Kopfseite sehe ich eine dunkle Oberbodenschicht von etwa 30, 40 Zentimetern. Darunter beginnt der helle, mineralhaltige Unterboden. Die Grenze zwischen den beiden Schichten ist klar zu erkennen. Auf der rechten Seite hingegen ist die Grenze zwischen Ober- und Unterboden fließend. »Was hier passiert, ist, dass der Boden nach unten wächst«, sagt Grand.

Die klare Grenze zwischen Ober- und Unterboden nennt sich Pflugsohle. Sie entsteht, wie der Name vermuten lässt, durch das Pflügen. Während der Pflug den Oberboden lockert, übt er Druck nach unten aus und verdichtet dort die Erde. Das hat viele Probleme zur Folge. Wenn die Pflugsohle zu kompakt ist, können Wurzeln nicht mehr hindurchwachsen, kommen nicht an die Nährstoffe in der Tiefe, und Wasser kann nicht abfließen. Die Pflugsohle befördert überschwemmte Äcker, Erosion und verhindert, dass Pflanzen Nährstoffe aus dem Unterboden aufnehmen können.

Wenn wir von Kohlenstoffbindung im Boden sprechen, nimmt man meist an, dass diese im Oberboden passiert. Sicher, man sieht es schon an der dunkleren Färbung des Oberbodens: Die Konzentration von Kohlenstoff dort ist höher. Aber der Unterboden geht viel tiefer. Global befinden sich mehr als drei Viertel des Kohlenstoffs im Boden unterhalb einer Tiefe eines Meters, und nur hier ist er längerfristig gebunden. Der Oberboden atmet, das heißt, er nimmt zwar Kohlenstoff auf, stößt diesen aber als Kohlenstoffdioxid wieder aus. Im Unterboden passiert das nur in geringerem Ausmaß.

Im Grand-Garten düngen sie mit Kompost, den sie als Mulchschicht auf dem Boden ausbringen. Um diese Biomasse in den Oberboden und schließlich in den Unterboden zu bekommen, braucht es Leben im Boden. Bodenlebewesen durchmischen den Boden in einem Prozess, den man Bioturbation nennt. Die wichtigen Arbeiter dabei sind Regenwürmer. Es sind andere Tiere als die Kompostwürmer, die in Grands Wurmfarm

Helferinnen und Helfer im Grand Garten

arbeiten. Kompostwürmer sind in den obersten zwanzig, dreißig Zentimetern aktiv und arbeiten sich vor allem horizontal voran. Wichtig für die Bioturbation sind dagegen anektische Regenwurmarten, die sich vertikal von oben nach unten graben und damit Biomasse bis zu zwei Meter in den mineralischen Unterboden bringen.

Grand deutet mit dem Finger entlang eines vertikalen Tunnels zwischen Ober- und Unterboden. »Das ist eine Regenwurmröhre, in die Wurzeln hineinwachsen«, erklärt er. Es sind Röhren, die an den Rändern voller Regenwurmkot sind – also voller Nährstoffe, die Pflanzen sofort aufnehmen können. »Die Pflanzenwurzel, die da reinwächst, hat einen Sechser im Lotto gewonnen.« Er beugt sich zum Grund des Loches hinab, kratzt mit einem Taschenmesser am Übergang, wo die schluffige Schicht auf den Schotter darunter stößt. Er sucht, wird schließlich fündig: ein Wurzelende.

Selbst einjähriger Winterroggen wächst bis zu 1,60 Meter in die Tiefe und kann dadurch wichtige Mineralien im Unterboden erreichen. Regenwürmer machen das effizienter. Doch die industrielle Landwirtschaft zerstört mit dem Pflug, mit Pestiziden und Herbiziden diese Symbiose. Der Unterboden wird vernachlässigt. Und die konventionelle Antwort darauf ist wie immer: mehr Inputs, also mehr mineralischer Dünger. Es ist eine Spirale, die mir immer wieder begegnet: Die Schäden, die die industrielle Landwirtschaft verursacht, werden mit immer mehr Inputs kompensiert, die diese Schäden verursacht haben.

Eines der eindrücklichsten Beispiele sind Insektizide. In einer Studie aus dem Jahr 2018 haben Forscher und Forscherinnen Mais-Monokulturen verglichen, die konventionell oder regenerativ bewirtschaftet wurden. Auf den konventionellen Feldern wurden Insektizide genutzt, auf den regenerativen Feldern nicht. Das Ergebnis: Die konventionellen Felder hatten zehnmal mehr Schädlingsbefall als die regenerativen. Zehnmal mehr: Das ist kein Schreibfehler. Die regenerativen Felder setzen auf Biodiversität zur Schädlingsbekämpfung, die konventionellen auf Inputs. Insektizide zerstören natürliche Dynamiken: Wenn Plagen ausgerottet werden, breiten sich andere Insekten aus, die dadurch zu Plagen werden. Zwar erreichen die regenerativen Landwirte damit um etwa ein Drittel niedrigere Erträge, aber sie müssen dafür nur etwa 20 Prozent der Kosten aufwenden. Die hohen Erträge der konventionellen Landwirtschaft sind teuer erkauft.

Eine Studie der Universität Augsburg hat versucht, diese externen Kosten zu berechnen. Dazu gehören etwa Emissionen von Methan, Kohlenstoffdioxid oder die Verunreinigung von Flüssen und Seen. Wenn diese Kosten eingepreist werden würden, müsste etwa konventionelles Fleisch 196 Prozent teurer sein, Fleisch aus Bioproduktion hingegen 82 Prozent, konventionelle pflanzliche Nahrungsmittel 28 Prozent teurer und solche aus biologischer Produktion nur sechs Prozent. Biologische Lebensmittel wären zwar immer noch teurer, aber die aktuellen Biopreise spiegeln die externen Kosten weit besser wider, als die Preise konventioneller Produkte dies tun.

Niedrige Inputs und hohe Profite gehen in der Landwirtschaft oft mit mehr Komplexität und mehr manueller Arbeit einher. Will man biointensiv anbauen, muss man händisch anpflanzen und Unkraut herauszupfen. Will man natürliche Schädlingsbekämpfung, muss man Fressfeinde fördern. Entlang des Gartens von Grand wachsen Baum- und Strauchreihen mit regionalen Arten von Hagebutten oder Äpfeln. Sie bieten Lebensraum für Fressfeinde von Schädlingen und binden Kohlenstoff in der Biomasse von Bäumen und Sträuchern. Allerdings ging das mit der Schädlingsbekämpfung in diesem Jahr nicht auf wie gedacht. Die Streifen sind auch ein perfekter Ort für die Kinderstube der Gemeinen Nacktschnecke, die sich in Hundertschaften über den Salat hermacht. Grand experimentiert noch, wie man der Schneckenplage Herr wird. Er zeigt mir einen versuchsweise umgebauten Rasenroller, an dessen Rolle sie außen Plastikborsten befestigt haben. Grand rollt damit über den Rasen, erledigt eine Schnecke. Noch nicht ideal, meint er, die Borsten müssten aus Metall sein.

Zum gemeinsamen Mittagessen gibt es an diesem Tag Gemüsesuppe mit frischem Ingwer aus dem Garten. Danach steht Paradeiser-Verkostung an. Paradeiser, so nennt man in Österreich Tomaten. Es ist ein schönes Wort, denke ich mir, nachdem es Grands Mitarbeiterinnen für mich übersetzt haben. Sie wollen die besten Tomaten für die Pflanzung im nächsten Jahr auswählen. Grand springt plötzlich auf, schnappt sich ein Fernglas, späht in den Himmel: ein Adler. Der hilft gegen Mäuse.

Nach dem Essen fährt er mit seinem Lastenrad zurück zu seinem Hof. Sein Hund fährt vorne mit. Es geht vorbei an Baumstreifen, die er auf den Feldern gepflanzt hat, vorbei an der Wurmhalle, auf deren Eingang ein lachender Regenwurm mit Sonnenhut gepinselt ist. In einem Lagerraum daneben verpacken seine Mitarbeiterinnen die Ernte des Tages in Gemüsekisten, die per Abo verkauft werden. Die Wege sind nicht weit. Grand will nicht an die »Bobos« in Wien verkaufen, also nicht an den stereotypen Kundenkreis aus der urbanen Mittelschicht, sondern hier auf dem Land.

In einer idealen Welt geht alles Hand in Hand, Regenwürmer und Bodengesundheit, frisches Gemüse und sozialer Zusammenhalt. Grand sieht seinen Betrieb als kleinen Teil einer großen Mission auf dem Weg zu diesem Ideal. »Wir müssen den Klimawandel anhalten, Artenvielfalt fördern, demokratisch leben«, sagt er, »und gendern.«

Dass Marktgärten profitabel sein können, habe ich immer wieder erleben können. Dass sie auf kleinen Flächen hohe Erträge erzielen können, glaube ich auch. Aber es wird immer durch Arbeitskraft limitiert sein und lässt sich kaum in unsere Versorgungsketten eingliedern. Und global nehmen wir gerade 15 Prozent unserer Kalorien durch Obst und Gemüse auf. Wobei hier die Verteilung ungleich ist. Je ärmer das Land, desto kleiner ist die Rolle, die Gemüse spielt. Die jungen Menschen, die bei Grand arbeiten, suchen nach Nähe zum Land. Das ist ein Wert an sich. Diese Nähe lehrt ein Verständnis natürlicher Prozesse, das wir mit zunehmender Industrialisierung und Urbanisierung verloren haben.

ENTFREMDUNG
DEUTSCHE ACKERFLÄCHEN IN BRASILIEN

Bei uns im Tal gibt es Dutzende Höfe, von denen nur noch die Grundmauern stehen, Höfe, in denen Landwirtschaft allenfalls noch als Hobby betrieben wird oder die in den Sommerferien von Touristen bezogen werden. Sie wurden wie Sota la Quinta mit der Industrialisierung der Landwirtschaft ihres Zweckes beraubt. Es ist das Resultat der im Kern altruistischen Forschung Liebigs, Boschs, Habers, Borlaugs und vieler anderer Agrarwissenschaftler, gepaart mit dem Gewinnstreben von Agrarriesen wie Bayer, BASF oder DuPont. Dieses System hat uns Wohlstand gebracht, Menschen vor dem Hunger gerettet und Raum für Kunst und Kreativität geschaffen, weil wir immer weniger Zeit für unsere Ernährung aufwenden müssen. All das stelle ich nicht in Frage.

Aber dieses System ist auch für Artenschwund und Klimakrise mitverantwortlich. Es hat sich von den Unwägbarkeiten natürlicher Prozesse entkoppelt, es hat Vieh von den Weiden in die Ställe getrieben, Dörfer sterben lassen und den Menschen von seiner Umwelt entfremdet. Es hat unsere Nahrung unabhängig von Ort und Jahreszeit gemacht, Sushi nach Brandenburg und Pizza nach Japan gebracht. Es hat unsere Ernährung lokal diverser und global artenärmer gemacht. Es hat unsere Nahrungsmittelversorgung effizient bis zum Anschlag werden lassen – und anfällig. Um die Prozesse dahinter zu verstehen, hilft es, den Blick zu weiten und die großen Dynamiken anzuschauen, die dieses System mit sich gebracht hat: Linearisierung, Entkoppelung und Entfremdung, Vereinheitlichung und Effizienzsteigerung.

Industrielle Nahrungsmittelproduktion beginnt in den Gasfeldern dieser Welt, wo Methan aus fossilen Tiefen gefördert wird – zumindest, wenn wir uns der Einfachheit halber auf Stickstoff fokussieren. In riesigen Haber-Bosch-Anlagen wird dieses Methan mit Wasser, Sauerstoff und Stickstoff und enormen Mengen meist fossiler Energie zu Ammoniak synthetisiert. Aber nicht nur die Energiezufuhr stößt Treibhausgase aus, Kohlenstoffdioxid ist auch ein Nebenprodukt der Synthese. Zudem entweichen bei der Förderung von fossilem Gas Teile dieses Gases in die Atmosphäre. Allein die Produktion und der Einsatz von Stickstoffdünger ist für fünf Prozent der globalen Treibhausgasemissionen verantwortlich.

Dieser Dünger wird dann, wieder unter Einsatz fossiler Energie, zu landwirtschaftlichen Betrieben transportiert, dort auf Äckern ausgebracht und in Weizen, Mais oder Zuckerrüben konvertiert. Allerdings nur zu einem Teil. Die landwirtschaftlichen Böden in der Europäischen Union sind mit Nitraten übersättigt, Pflanzen können die Stickstoffverbindungen im Dünger nur teilweise aufnehmen. Die Hotspots der Bodenverschmutzung mit Nitraten liegen in den gesamten Niederlanden, in England und Norditalien sowie bei uns in Niedersachsen – also vor allem dort, wo besonders viele Tiere gehalten werden. In 16 Prozent der deutschen Grundwasser-Überwachungsstationen überschreiten die Nitratwerte die von der EU vorgegebene Grenze.

Mit der Ernte wird die aus fossilen Gasen konvertierte Energie in unsere Supermärkte transportiert und anschließend in unseren Küchen verarbeitet. Im besten Fall landen die Küchenabfälle auf dem Kompost, im schlechtesten Fall landen sie auf Mülldeponien, wo sie unter Ausschluss von Sauerstoff verfaulen und Methan freisetzen, oder sie werden in Müllverbrennungsanlagen zusammen mit unserem Restmüll in Hitze, Kohlenstoffdioxid, Asche und Schlacke verwandelt.

Es ist ein lineares System, das Treibhausgase in unsere Atmosphäre pumpt oder unsere Gewässer verschmutzt. Auf einem endlichen Planeten mit endlichen Ressourcen kommen lineare Systeme unweigerlich an ihre Grenzen. Das ist banal, aber das gegenwärtige Paradigma unserer Nahrungsmittelproduktion, ja, unsere gesamte Wirtschaft ignoriert diese Banalität.

Angefeuert von billiger fossiler Energie hat sich diese Linearität globalisiert. Die riesigen Schweinemastbetriebe in Niedersachsen oder Mecklenburg-Vorpommern sind dafür ein gutes Beispiel. In Sustrum im Emsland leben knapp 1500 Menschen. Hier liegt der größte Schweinemastbetrieb in Niedersachsen. 45 000 Schweine werden in Sustrum pro Jahr gemästet. In einem Betrieb in Bad Kleinen in Mecklenburg-Vorpommern sind es knapp 100 000. Insgesamt werden in Deutschland – Stand 2019 – 55 Millionen Schweine geschlachtet. Schweine sind wie Hühner keine Wiederkäuer, sie können nicht weiden, sondern brauchen ähnliches Futter wie wir Menschen. Deshalb sieht man Schweine so gut wie nie im Freien, und wenn man Hühner auf Weiden sieht, muss man sich klarmachen, dass es nicht ihr natürlicher Lebensraum ist und sie zugefüttert werden. Die industrielle Schweine- und Hühnerhaltung ist nur möglich, weil die Tiere mit Kraftfutter gefüttert werden.

Die Proteine in diesem Futter werden unter anderem aus Soja gewonnen, wovon wir in Deutschland knapp 100 000 Tonnen produzieren. Das reicht nicht im Ansatz aus, um Schweine und anderes Vieh in der industriellen Haltung zu füttern. Deshalb müssen wir knapp vier Millionen Tonnen importieren. Beinahe die Hälfte dieses Sojas – 1,58 Millionen Tonnen – kommt aus Brasilien. Dort liegt der Ertrag von Soja pro Hektar bei 3,45 Tonnen. Das heißt, dass es allein in Brasilien 460 000 Hektar Land gibt, die nur für die Fütterung deutschen Viehs bewirtschaftetet werden. Dazu kommen noch Ackerflächen in den USA in etwa derselben Größe und in diversen anderen Ländern. Brasilien hat neben den USA die höchsten Hektarerträge weltweit. Um die zu erreichen, nutzen Landwirte und Landwirtinnen in Brasilien sehr viel Dünger. Das Land ist der größte Düngemittelimporteur der Welt, und zu großen Teilen kommt dieser Dünger aus Russland. Obwohl Leguminosen wie Soja atmosphärischen Stickstoff nutzen können, kann auch für den Anbau von Soja künstlicher Stickstoffdünger eingesetzt werden. Der größte Teil dieses Düngers geht aber wohl in Mais, bei dem Brasilien mit 55 Millionen Tonnen Rekordexporteur ist. Dieser Mais wird dann unter anderem in Spanien an Tiere verfüttert. Im Jamón Ibérico stecken vermutlich Stickstoffverbindungen, die über Gas aus Russland gewonnen wurden.

Die Schweinehaltung zeigt auch anschaulich die Entkoppelung, die innerhalb der Landwirtschaft stattgefunden hat und ohne die Megabetriebe wie in Mecklenburg-Vorpommern nicht möglich wären. Vor der Industrialisierung, dafür müssen wir bis ins 18. Jahrhundert zurückgehen, hingen Erträge vor allem davon ab, wie viel Arbeit Landwirte aufwandten und welche Bedingungen ihnen die Umwelt bot – also Klima, Boden und Topografie. Es gab so gut wie keine Inputs. Die Nährstoffe, die Landwirte und Landwirtinnen dem Boden nahmen, mussten sie dem Boden zurückführen. Deshalb herrschte die Feldgraswirtschaft vor, bei der Flächen zwischen Acker- und Weidenutzung rotierten, damit die Fruchtbarkeit aufrechterhalten werden konnte. Auf einem durchschnittlichen, 20 Hektar großen Hof in Landsberg am Lech gab es zum Beispiel neben der Familie als Arbeitskräfte drei, vier Dienstboten und drei bis fünf Pferde. Die Viehhaltung bestand aus bis zu acht Kühen, etwa drei Schweinen und vielleicht ein paar Schafen. Reine Viehbetriebe gab es nur in bergigen Regionen, auf bayerischen Almen etwa, wo Getreideanbau zu aufwendig war.

Schweine stehen in Nahrungskonkurrenz zum Menschen, daher war ihre Haltung damals beschränkt. Diese rechnete sich praktisch nur in Waldweiden, die nicht anders genutzt werden konnten – also wieder in bergigen Regionen. Heute ist das schwer vorstellbar, aber bis ins 19. Jahrhundert trieben Hirten die Schweine im Frühjahr und Sommer durch die morastigen Flussauen und im Herbst in die Wälder, wo sie Eicheln und Bucheckern fraßen. Im Winter schlachteten die Bauern jene Schweine, die sie nicht unbedingt zur Zucht brauchten, und fütterten die übrigen mit Essensresten. Die Haltung der Tiere ähnelte dabei nicht nur der Lebensweise von Wildschweinen, die Tiere waren den Wildschweinen auch ähnlicher als heute: Sie waren borstiger, besaßen weniger Fett und längere Läufe.

Heute gibt es diese Form der Schweinehaltung immer noch auf den Dehesas in Südspanien. Dort ziehen kleine, flinke Ibérico-Schweine über sanfte Hügel, die mit Kork- und Steineichen bewachsen sind, und ernähren sich von Gras und Eicheln. Schinken aus den Dehesas, der Jamón Ibérico de Bellota, gilt bis heute als einer der feinsten überhaupt. Ein Kilo kann leicht über 200 Euro kosten. Aber er ist ein Relikt aus vorindustrieller Zeit.

Mit der Zunahme von Inputs durch Dünger, Pestizide und Medikamente war die integrierte Vieh- und Ackerwirtschaft dem Untergang geweiht. Betriebe, die sich auf eines von beiden konzentrieren konnten, wurden effizienter. Und weil die Maschinen teuer sind und sich tendenziell auf größeren Flächen rechnen, wurden die Betriebe auch immer größer. In Deutschland ging es im Fortschrittsglauben der Nachkriegszeit vor allem darum, landwirtschaftliche Erträge zu erhöhen. Und deshalb forcierte auch die Bundesregierung Monokulturen. Streuobstwiesen mussten uniformen Äckern weichen. »Für Hoch- und Halbstämme wird kein Platz mehr sein. Streuanbau, Straßenanbau und Mischkultur sind zu verwerfen«, hieß es in einem Beschluss des Bundesernährungsministeriums vom 15. Oktober 1953.

Das romantische Bild eines Hofes mit unterschiedlichen Tieren, Weiden, Äckern und Obstbäumen gibt es heute kaum noch. Betriebe sind hoch spezialisiert. Ein durchschnittlicher deutscher Hof war 2010 56 Hektar groß, 2020 waren es 63 Hektar. Und 72 Prozent aller Schweine stehen in Betrieben, die nur Schweine halten. 70 Prozent allen Geflügels werden in Betrieben gemästet, in denen nur Geflügel gehalten wird. Bei Rindern stehen 54 Prozent in Betrieben, die nur Rinder halten. Viehhaltung und Ackerbau findet heute also vornehmlich in getrennten Betrieben statt. Aber die Entkoppelung fand nicht nur innerhalb der Betriebe statt, sondern es gab auch eine Entkoppelung von der Umwelt – insbesondere vom Klima.

In Deutschland ist die Tomate der Inbegriff dieser Entkoppelung. Es ist hierzulande das beliebteste Gemüse, macht ein Viertel des gesamten Gemüseverbrauchs aus. Die wärmeliebenden Tomaten sind bei uns das gesamte Jahr im Supermarkt zu kaufen. Einen Rückgang in den kälteren Monaten gibt es nicht. Tomaten aus Deutschland kann man von März bis in den Dezember kaufen, und obwohl sich die Ernte hier in den vergangenen 20 Jahren verdoppelt hat, liegt der Selbstversorgungsgrad gerade bei elf Prozent. Die große Masse von Tomaten müssen wir importieren. Das tun wir, es ist beinahe ein Klischee, ausgerechnet und vor allem aus den Niederlanden. Von dort kamen 2021 380 000 Tonnen Tomaten, doppelt so viel wie aus Spanien und Italien zusammen. Die nicht abreißende Tomatenversorgung aus den Niederlanden ist nur in Gewächshäusern möglich, die gegen den Minimumfaktor Wärme wirken.

Mit dieser Entkoppelung geht eine Entfremdung einher. Zur Zeit unserer Großeltern gab es im Winter Kohl, Rüben und Äpfel, im Sommer Erbsen, Spinat, Pflaumen oder Kirschen. Mein Vater kann sich noch daran erinnern, dass seine Familie in den Nachkriegsjahren einen eigenen Garten hatte, aus dem das gesamte Gemüse für die Familie kam. Aber mein Großvater wurde enteignet, und der Familiengarten und die Gärten aller Nachbarn mussten einer Straße Platz machen. »Am längsten überlebt hat der Kirschbaum, aber der musste zu meinem Leid auch weichen«, erinnert sich mein Vater. Mit der Industrialisierung vollzog sich zudem eine massive demografische Verschiebung. Menschen zogen vom Land in die Städte, fanden Arbeit in Fabriken anstatt auf den Äckern. 1871 arbeiteten 50 Prozent der Bevölkerung in der Landwirtschaft, heute sind es zwei Prozent.

Mit den Gemüsegärten starb auch das Wissen, welche Nahrungsmittel in unseren Breiten überhaupt gedeihen können. Und zugleich wurde die Diversität an Obst und Gemüse, an Fisch, Fleisch und Käse in unseren Supermärkten immer größer. Global aber passiert das Gegenteil: Diversität nimmt massiv ab. »Immer mehr Menschen werden sich von immer weniger Grundnahrungsmitteln ernähren«, warnte der Biologe Jack Harlan schon 1975 in seinem Buch *Crops and Man*. Und er behielt recht. Während Megafoods wie Soja, Palmöl, Sonnenblumen, Weizen und Raps immer größeren Anteil an der globalen Kalorienversorgung haben, bricht der Anteil von Sorghum, Hirse oder Roggen massiv ein.

Sushi in Brandenburg täuscht Diversität vor, denn weltweit essen wir immer mehr vom Gleichen.

All diese Entwicklungen sind der Effizienzsteigerung geschuldet. Arbeitsteilung, großflächige Monokulturen, Mechanisierung, Vereinheitlichung haben – angetrieben von billiger fossiler Energie – ein komplexes System entstehen lassen, das sehr viel sehr billig produziert. Das ist ein Problem. Denn ein solches System, das sich auf einige wenige Megafoods konzentriert, ist anfällig für Schocks. Resilienz entsteht durch Diversität, durch Verteilung von Abhängigkeiten auf möglichst viele Kalorienquellen. Jeder Finanzberater rät dazu, sich möglichst breit aufzustellen. Sein gesamtes Vermögen in nur ein halbes Dutzend Unternehmen zu investieren, wäre zu risikoreich. Bei unserer Nahrungsmittelversorgung machen wir aber genau das.

Spätestens seit Corona und dem Krieg in der Ukraine ist offensichtlich, dass unser gesamtes Wirtschaftssystem anfällig ist. Der Markt erkennt diese Anfälligkeit, und so hat sich der Preis für Sonnenblumenöl mit dem russischen Einmarsch in die Ukraine – nach Russland der größte Produzent von Sonnenblumen – fast verdoppelt. Man muss sich nur vorstellen, was passieren würde, wenn ein Pilz Soja in den großen Anbaugebieten befallen würde oder wenn eine europaweite Dürre zur Weizensaison kommt. Biodiversität ist kein Wert an sich. Sie ist eine Notwendigkeit.

DIVERSITÄT

WIE EIN BRITE BÄUME FÜR DEN ACKER WIEDERENTDECKTE

Es geht über enge Straßen durch weite Felder, vorbei an kleinen Dörfern. Ich bin in Suffolk, der trockensten Gegend des Vereinigten Königreichs, die im Osten der Insel Großbritannien liegt. Hier passiert nicht viel. Die größten Städte in der Gegend sind Norwich im Norden und Ipswich im Süden. Die Landschaft ist weit und gelb gebrannt, wie so oft auf dieser Reise. Gepflügte oder gedroschene Getreidefelder ziehen vorbei. Ich biege in einen Feldweg ein, der von Pappeln beschattet ist. Zu meiner Linken sehe ich Baumreihen zwischen Ackerflächen – dafür bin ich hier. Ich parke in einem Gehöft mit schwarz gestrichenen Holzbauten.

Hier treffe ich David Wolfe. Er trägt ein Kurzarmhemd in grellen Blautönen, redet schnell und erinnert mich in seinem Duktus ein wenig an den britischen Premier Boris Johnson, der in diesen Tagen kurz vor dem Rücktritt steht. Wolfe, Ende 50, ist Anwalt für öffentliches Recht. Er vertritt Umweltschutzorganisationen bei Klagen gegen Flughafenausbauten oder den Neubau eines Atomkraftwerks. Wolfe führt hier das Erbe seiner Eltern Ann und Martin Wolfe weiter. Martin verstarb 2019, Ann 2016. Die Wolfes leisteten Pionierarbeit für die Wiederentdeckung der Agrarforstwirtschaft, der Verbindung von Ackerbau und Forstwirtschaft. Genauer gesagt, schufen sie eines der ersten modernen Alley-Cropping-Agroforstsysteme: gerade, parallele Baumreihen, die in einem für den Ackerbau passenden Abstand voneinander gepflanzt werden.

David Wolfe führt mich an diesem Sommertag über die Felder und erinnert sich an seine Eltern, an die Tage, als sie zusammen die jungen Bäume einpflanzten. »Da waren die winzig, vielleicht 60 Zentimeter, und jetzt sind sie zehn Meter hoch.« Martin Wolfe machte damals, Anfang der 90er-Jahre, mit Bäumen einen Neuanfang. In seinem Leben hatte es bis dahin nur ein Problem gegeben: Mehltau auf Gerste. Wolfe, geboren 1937, war Professor für Pflanzenkrankheiten an der ETH Zürich. Er hatte in den 50er-Jahren als Handlanger auf Höfen ausgeholfen. Danach ging er in die Wissenschaft. Schreibtisch, Labor, Feldforschung – immer auf der Suche nach Pflanzenkrankheiten und Mitteln dagegen.

Seine Arbeit ließ ihn verstehen, dass die moderne Landwirtschaft in eine Falle geraten war. Es mussten immer neue Chemikalien entwickelt werden, um gegen die Evolution von Pflanzenkrankheiten anzukommen. Für ihn war das Problem offensichtlich: riesige Monokulturen, in denen Krankheiten sich rasend schnell ausbreiten können. Aber die Lösung war auch simpel: Diversität. Je mehr verschiedene Pflanzen auf einem Feld wachsen, desto schwieriger ist es für den Erreger, sich auszubreiten.

In seiner Heimat Großbritannien stieß er mit seinem Ruf nach mehr Biodiversität auf den Feldern auf wenig Interesse. Monokulturen versprachen große Erträge, und Pestizide waren billig – und in den späten 70er- und frühen 80er-Jahren gab es auch noch wenig Bewusstsein für ihre Kollateralschäden. Seine Forschung fand dennoch in einem Land Anwendung – und zwar in der DDR. Damals hatte man dort mit Mehltau zu kämpfen, der »Weizenfelder wie Kegel fallen ließ«, wie Wolfe es ausdrückte. Fungizide mussten oft von dem kapitalistischen Nachbarn im Westen importiert werden und waren extrem teuer.

Daher suchten ausgerechnet Pflanzenzüchter in der planwirtschaftlichen DDR mit ihren riesigen Agrarbetrieben nach natürlichen Lösungen. Wolfe half ihnen dabei. Mit Erfolg: In der DDR wurde beinahe der gesamte Sommergerstenanbau bis zur Wende auf Mischanbau umgestellt. Der Einsatz von Fungiziden gegen Mehltau konnte so um 80 Prozent reduziert werden. Doch als die Mauer fiel, zog der Kapitalismus mit den verlockenden Versprechen der Agrarindustrie nach Ostdeutschland:

Monokulturen kehrten zurück, und mit ihnen schoss der Fungizideinsatz in neue Höhen. Für seinen Ruhestand – oder wie er es nannte: seinen Karrierewechsel – versuchte Wolfe, seiner alten Heimat dabei zu helfen, aus dieser Falle zu entkommen. Ein paar Jahre zuvor hatte er von »Agroforestry« gehört – der Symbiose von Forst und Acker – Waldfeldbau zu Deutsch.

Kleinbauern in vielen tropischen Ländern nutzen bis heute Bäume als Teil ihrer Produktionssysteme. In Zentralamerika etwa wachsen Papaya zusammen mit niedrigeren Zitrusbäumen, Kaffee- oder Kakaosträuchern, Mais und Kürbissen. Selbst in Deutschland wurde Waldfeldbau bis in die 20er-Jahre des vergangenen Jahrhunderts praktiziert: Waldflächen wurden gerodet, in den Lichtungen Kartoffeln oder Getreide angebaut, bis sich der junge Wald wieder etabliert hatte.

Es war also weder ein neues Konzept noch eines, das nicht mehr praktiziert wurde. Doch im Zuge der Industrialisierung der Landwirtschaft war es im Westen verdrängt und vergessen worden. In den frühen 90ern begann im Vereinigten Königreich eine zaghafte Renaissance. Es gab erste Feldversuche, um das Konzept in die Gegenwart zu hieven. Für die Bekämpfung von Mehltau klang das für Wolfe vielversprechend. Der Erreger verbreitet sich mit dem Wind, den Baumreihen brechen und so die Übertragung verlangsamen. Das war die Idee.

Zusammen mit seiner Frau Ann entschied er sich, zurück nach Großbritannien zu ziehen. Sie suchten in der Grafschaft Suffolk nach einem Hof, kauften schließlich eine alte Schweinezucht namens Wakelyns, die in einer flachen, waldlosen Landschaft mit riesigen Monokulturen lag. Im Frühjahr 1994 begannen sie, das zu ändern, und pflanzten mit ihren Kindern Bäume auf die Felder. Die Reihen legten sie von Nord nach Süd an – 200 Meter lang, dazwischen 15 Meter Abstand. Zuerst setzten sie Forstpflanzen ein: Hainbuchen, Italienische Erlen, Traubenkirschen, Eichen, Sommerlinden, Bergahorne und Wildkirschen. Später kamen Weiden, Apfelbäume und zuletzt Haselsträucher hinzu. Wakelyns sollte ein Demonstrations- und Forschungsbetrieb für britische Landwirte werden.

Knapp 30 Jahre später schlendern David Wolfe und ich über einen Feldweg. Zwischen den Baumreihen, die an das Gehöft anschließen, wächst eine Mischung aus Gräsern, Klee und Senf zum Aufbau von Nährstoffen. Auf anderen Feldern wachsen Weizen, Linsen, Gerste und Hanf. Die Felder sind in einer vierjährigen Rotation: zwei Jahre Bodenaufbau, zwei Jahre Anbau für die Ernte. Sie verzichten hier vollkommen auf externe Inputs, die Böden werden nicht mit Mist gedüngt, sondern allein durch Gründünger.

Am Ende des Weges liegen Felder mit Populationsweizen – verschiedene Sorten, die zusammen angebaut werden. Die Ähren wiegen sich sanft im Wind. Es ist nicht gleichförmig hoch wie auf industriellen Monokulturen. Eine der Forschungsfragen, der Martin Wolfe nachgegangen ist, war, ob solche Getreidemischungen die gleichen Erträge liefern wie der Durchschnitt der einzelnen Sorten, ob sie durch die Mischung widerstandsfähiger gegen Krankheiten werden und ob sie sich durch natürliche Selektion besser an Klima und Boden anpassen. Das Ergebnis: Populationsmischungen erzielen zunächst die gleichen Erträge wie der Durchschnitt der zugrunde liegenden Sorten und steigen innerhalb von drei Jahren um 18 Prozent, Krankheiten wie Mehltau treten bis zu 25 Prozent seltener auf.

»Mein Vater hat immer gesagt: Wo ist der schlechteste Ort, um einen Apfelbaum zu pflanzen?«, erinnert sich Wolfe, als er meinen Blick auf die Obstbäume zwischen den Feldern lenkt. Mir fällt nicht schnell genug eine gute Antwort ein, daher beantwortet Wolfe seine Frage selbst: »Im Obsthain.« Diversität schafft Resilienz. Es war die naheliegendste Antwort. Martin Wolfe und seine Familie haben auf Wakelyns nicht nur verschiedene Arten, sondern auch verschiedene Sorten gepflanzt. So verteilt sich die Blütezeit bei den Äpfeln auf mehrere Wochen, und späte Fröste raffen nicht die gesamte Ernte dahin. »Du bist gegenüber dem Wetter widerstandsfähiger«, sagt David Wolfe. Sein Vater hat sich das genauer angeschaut. Seine Ergebnisse waren erstaunlich. Im Vergleich zu einem Bio-Apfelhain hatte er 2012, in einem schlechten Erntejahr mit viel Frühjahrsregen und späten Frösten, hochgerechnet viermal so hohe Erträge und weniger als halb so viel Befall mit der Pilzkrankheit Apfelschorf.

»Aber das Problem ist, dass wir keine großen Mengen eines bestimmten Apfels haben und dass sie alle verstreut sind. Das macht die Ernte kompliziert.« Seine Eltern haben das Obst nie großflächig geerntet. David und seine Frau haben es vor zwei Jahren probiert und haben 500 Kilo Kirschen ernten lassen. »Wir haben sie zum besten Preis verkauft, den wir bekommen konnten. Aber wir haben trotzdem Geld verloren, weil die Leute in diesem Land nicht einmal genug zahlen, um die Arbeitskosten für die Ernte der Kirschen zu decken.« Obstanbau ist zweifellos wichtig, aber für die globale Versorgung mit Nahrungsmitteln spielt er eine nachrangige Rolle. 20 Prozent der Kalorien, die wir zu uns nehmen, kommen aus Weizen. Obst taucht in solchen Statistiken oft nicht einmal auf. Deshalb interessiert mich vor allem, was Agroforstsysteme wie hier auf Wakelyns für den Getreideanbau bedeuten.

Die weiten offenen Felder der industriellen Landwirtschaft sind effizient – solange die Bedingungen ideal sind, solange genug Regen fällt und solange es nicht zu heiß wird. Wir verlassen diesen idealen Korridor zurzeit mit rasender Geschwindigkeit. Agroforstsysteme können dem einiges entgegensetzen: Durch Schatten und Windschatten verringern sie Evaporation von Wasser, sie halten die Temperaturen auf den Äckern niedrig und reduzieren die Erosion von Humus, die Wurzeln der Bäume durchdringen den Boden und erhöhen so die Wasserhaltefähigkeit, sie bieten Nützlingen Nahrung und Lebensraum, und sie können eine – oder viele – zusätzliche Ernten produzieren. Und zudem können sie Kohlenstoff binden – besonders effektiv ist dabei die Umwandlung von Ackerland in Agroforstsysteme, wodurch die Kohlenstoffvorräte im Boden um rund ein Drittel ansteigen, sich in 100 Jahren gar verdoppeln können. Im großen Maßstab können Bäume sogar das Wetter ändern. Schon Alexander von Humboldt hat den Zusammenhang von Bewaldung und Regenfall beschrieben. Nach der Kolonisierung Australiens und den folgenden Rodungen im Westen des Landes sind Regenfälle dort um zwölf Prozent zurückgegangen. Auch eine aktuelle Studie von

Forschern und Forscherinnen der ETH Zürich zur realistisch möglichen Aufforstung kommt zu dem Schluss, dass europaweit im Schnitt bis zu 7,6 Prozent mehr Regen fallen könnte.

Auf Wakelyns sollte diese These überprüft werden. »Macht es einen Unterschied, wie hoch die Bäume sind? Macht es einen Unterschied, welche Baumarten hier sind? Es war sehr enge agrartechnische Forschung«, erinnert sich David Wolfe. Wolfe senior hat sich der Frage der Produktivität gewidmet. Natürlich produzieren Flächen ohne Bäume unter idealen Bedingungen mehr Getreide als solche mit Bäumen. Aber der Gesamtertrag als Kombination der einzelnen Komponenten in einem Agroforstsystem ist höher als der Ertrag einer Monokultur. Das ist zumindest die These. Wolfe versuchte, sie zu quantifizieren, schaute sich dafür die Biomasseproduktion an. Im Agroforstsystem rotierten zwischen Reihen von Weiden Weizen, Kartoffeln, Kürbisse und Zwischenfrüchte. Auf der Referenzfläche gab es die gleiche Rotation auf einem offenen Acker. 2012, in einem guten Jahr, war die Biomasseproduktion im Agroforstsystem zehn Prozent höher. Im Jahr darauf brach die Biomasseproduktion in der Monokultur ein, während sie im Agroforstsystem nur leicht fiel und um 44 Prozent höher lag. Im Schnitt beobachtete Wolfe eine um 34 Prozent höhere Produktion. Weiden können wir nicht essen. Auf Wakelyns schneiden sie diese zurück, verarbeiten sie zu Hackschnitzeln und heizen damit ihr Wohnhaus.

Wolfe inspirierte Landwirte in Großbritannien, seine Forschung in großem Maßstab umzusetzen. In Cambridgeshire, etwa 120 Kilometer westlich von Wakelyns, pflanzte etwa Stephen Briggs auf der Whitehall Farm 4500 Apfelbäume auf 50 Hektar, zwischen denen er unter anderem Weizen, Hafer und Gerste rotiert. Es ist das größte Agroforstsystem des Vereinigten Königreichs. Wolfe half bei der Planung des Systems. Briggs betreibt die Whitehall Farm ökologisch. Er sagt, dass er etwa 75 Prozent des Ertrags einer Farm habe, die mit synthetischen Düngern und Pestiziden arbeite. Dafür seien die Kosten weit niedriger und der Profit höher.

Die Frage nach Erträgen ist wichtig, mitentscheidend, aber reduktionistisch. Denn die hohen Erträge sind teuer erkauft – Klimawandel, Verlust von Biodiversität, schwindende Resilienz und Landflucht. Betriebe wie Whitehall oder Wakelyns zahlen einen Teil dieser Schulden zurück. Briggs konnte auf seinem Land beobachten, wie die Population von Bestäubern anstieg. Am Tag, an dem ich David Wolfe treffe, bereitet er gerade den »Butterfly Day« auf Wakelyns vor. Freiwillige kommen hierhin, um Schmetterlinge zu zählen. Irgendwo in den Bäumen gurren Turteltauben. »Wir haben zwei Paare in diesem Jahr«, sagt Wolfe und zeigt auf ihre Nester. »Ein Paar wohnt dort, das andere dahinten.« Turteltauben sind gefährdet – unter anderem weil Monokulturen ihnen den Lebensraum geraubt haben. »Die sind so rar«, sagt Wolfe, »dass die Vogelmenschen, die sie zählen und in die nationale Datenbank aufnehmen, das anonym machen, weil sie in solcher Sorge um sie sind.«

David Wolfes Fokus liegt nicht mehr auf Forschung. Er versucht, Wakelyns weiter profitabel zu betreiben, aber da er als Anwalt in London arbeitet, hat er für sich ein anderes Modell gefunden: *enterprise stacking*. Wolfe stellt Land, auf dem junge Menschen ihr Gewerbe aufbauen können. Auf Wakelyns gibt es eine Marktgärtnerei und eine Bäckerei, die unter anderem Weizen von hier verarbeitet. Eine Modedesignerin baut Hanf an, den sie zu Kleidung verarbeitet. Wolfe selbst verkauft Haseltriebe und hat Tiny Houses auf die Felder gestellt, auf denen Zwischenfrüchte wachsen. Brote und Gemüse werden in einem Umkreis von zehn Kilometern verkauft und vermarktet. Es ist ein Modell, das wirtschaftlich funktioniert und das Menschen zurück auf das Land holt, das Biodiversität aufbaut. »Ich glaube, die Geschichte meines Vaters hat mir eine gesunde Skepsis gegenüber der Funktionsweise von Regierung und Gesellschaft vermittelt – und die Notwendigkeit, unabhängig zu sein«, sagt Wolfe.

HERBST

HITZE
WIE MICH UNSER GARTEN DEMUT LEHRTE

Die Hitzewelle hält an. Aber ich frage mich, ob es wirklich noch eine Welle ist. Wellen gehen vorbei. Diese Hitze scheint zu bleiben. Eine Journalistin ruft mich an und fragt, ob es vorbei sei mit dem Ferientraum Spanien. Ob ich nicht überlege, das Haus zu verkaufen. Tatsächlich spiele ich mit dem Gedanken, schaue mich nach Häusern in Deutschland um. Genug regnen sollte es dort. Aber am Ende komme ich zu dem Schluss, dass ich es so lange weiter probieren will wie irgend möglich. Ich hätte das Privileg, hier wegzuziehen, zurück in gewohnte Strukturen. Millionen Spanier und Spanierinnen haben das nicht.

Dieser Sommer war anders als die davor. Die Klimakrise wurde spürbar. Aus meinem Bürofenster blicke ich über die Berge. Sie sind weiterhin grün, aber dazwischen klaffen diese braunen Inseln: Bäume, die den Sommer nicht überstanden haben. Unten im Waldgarten scheinen die Obstbäume der Hitze widerstanden zu haben. Sie zeigen keine Anzeichen von Stress, obwohl viele von ihnen noch keine tieferen Wurzeln geschlagen haben sollten.

Ich versuche, an diesem Buch weiterzuschreiben, aber die Nachrichten über die Klimakrise drücken auf meine Stimmung. Es ist ein Strudel, in den ich mich begebe. Ich lese Studie um Studie, lese von neuen Rekordwerten und besorgniserregenden Entwicklungen. Es geht alles viel schneller, als ich mir vorgestellt habe, und ich kann mir die Entwicklungen nicht mehr erklären. Diese Fokussierung auf die Klimakrise tut mir nicht gut. Ich ziehe mich zurück und kann kaum an etwas anderes denken. Was mir am meisten zu schaffen macht, ist, dass es scheint, als würden wir gesellschaftlich und politisch daran scheitern, dieses Problem anzugehen. Denn bei all der Komplexität der Klimakrise wissen wir, was wir dagegen machen müssen: aufhören, Dinge zu verbrennen, und die Natur sich regenerieren lassen, vielleicht ein wenig dabei helfen. Der effizienteste Weg dahin ist, weniger zu konsumieren. Vor allem weniger Unnötiges.

»Ich dachte, dass die größten Umweltprobleme der Verlust von Biodiversität, der Zusammenbruch von Ökosystemen und Klimawandel seien. Aber ich lag falsch. Die größten Umweltprobleme sind Egoismus, Gier und Apathie«, sagt Gus Speth, Umweltrechtsanwalt und ehemaliger Dekan der *School of Forestry & Environmental Studies* an der Universität Yale. Und ich frage mich, wie wir die Klimakrise in den Griff bekommen sollen, wenn wir nicht einmal Maßnahmen ergreifen wollen, die keinen Einschnitt in unsere Lebensqualität bedeuten würden: ein Tempolimit etwa oder den weitgehenden Verzicht auf Fleisch.

Dieses Leben auf dem Land, das Beobachten der Zyklen von Pflanzen und des Wetters, hat mich Demut gelehrt. Wie aus winzigen Samen riesige Bäume werden, ist ein Wunder. Und dieses Wunder zu erfahren, mitzuerleben, ist für mich der Kern menschlicher Existenz. Wir sind, soweit wir das wissen, der einzige Weg, wie das Universum sich selbst verstehen kann. Und wenn das Leben einen Sinn hat, dann wohl diesen: Leben zu erleben. Wir verstehen heute so viel, verstehen vor allem, wo wir uns befinden. Auf einem verschwindend kleinen Planeten, in einem Universum, das so groß ist, dass die Dimensionen weit außerhalb unserer Vorstellungskraft liegen. Und soweit wir das wissen, ist nur hier auf der Erde Leben möglich. Nur weil dieser Planet eine gewisse Größe hat, nicht zu nah und nicht zu weit von einem Stern namens Sonne entfernt liegt, weil dieser Planet eine gewisse chemische Zusammensetzung hat und eine Atmosphäre, die uns schützt, bin ich hier und kann mich über diese Wunder freuen, über keimende Samen und saftige Tomaten, über die wilden Bienen und die Vipern im Gras und das Zusammenspiel all dieses Lebens.

Was mir angesichts der kaum zu ertragenden Schlagzahl an klimatischen Katastrophen hilft, ist die Erkenntnis, Teil dieses Lebens zu sein. Teil dieses Lebens, das sich in einem kleinen Teil des Universums festgesetzt hat und hier, sosehr wir auch daran arbeiten, die Grundlagen dieses Lebens zu zerstören, immer wieder kommen wird. Diese Lebenszyklen kann ich hier beobachten. Von Jahreszeit zu Jahreszeit. Und ich weiß, dass dieser Planet diese Zyklen durchmacht. Und das Universum. Über unvorstellbare Weiten und Zeiten. Ist es nicht schön, zu wissen, dass wir Teil davon sind? Es bleibt nichts, außer weiterzumachen. Ich kann nur meinen kleinen Beitrag leisten, dass dieses Leben hier so lange wie möglich weitergeht.

Die großen Waldbrände haben uns verschont. Aber ich mache mir Gedanken, wie wir ihnen auch im kommenden Jahr entgehen können. Ich lese von einer Schäferin, die versucht, mit ihren Tieren Waldbrände zu verhindern. Schafe zu halten, war immer eine schöne Vorstellung für mich. Aber gleichzeitig weiß ich auch, dass Fleischproduktion in ihrer gegenwärtigen Form und Masse ein enormes ökologisches Problem ist – in der Landwirtschaft sehr wahrscheinlich das allergrößte.

VIEH I
DIE GRENZEN MEINES VEGETARISMUS

Es ist 1998. In einem letzten schwachen Moment schiebe ich eine Tiefkühlpizza in den vorgeheizten Ofen meines Elternhauses. Sie ist mit Salami belegt. Aus den perfekt gleichförmig runden Scheiben schwitzt das Fett. Sie krümmen sich an den Rändern nach oben, werden langsam braun. Aus der Lüftung duften mir wunderbar ordinäre Röstaromen entgegen. Eigentlich hatte ich mein Leben als Vegetarier mit einem letzten Döner ein paar Wochen zuvor einläuten wollen, aber die Salamipizza war in diesem hungrigen Moment zu verführerisch. In den nächsten Tagen werde ich Träume haben, in denen ich, geplagt von schlechtem Gewissen, immer wieder Salamipizzen verschlinge.

Ein paar Jahre später stehe ich mit einer Handvoll Aktivisten der Tierrechtsorganisation Peta vor einem McDonald's an einer vierspurigen Ausfallstraße in Köln. Es nieselt. Wir protestieren gegen die industrialisierte Massenschlachtung von Tieren und sehen genauso aus, wie man sich das vorstellt: Dreadlocks, Jutetaschen, umnebelt von Patschuliduft. Die Fast-Food-Kette ist für uns der Inbegriff für alles Falsche an der Fleischindustrie.

Inzwischen lebe ich vegan, esse weder Fleisch noch Milchprodukte oder Eier. Ich überlege, mich den Aktivisten anzuschließen. Doch unser Protest an diesem Tag in Köln ist wenig erfolgreich. Kaum einer der Kunden interessiert sich für unsere Flyer, die blutig bebildert über den Horror der Massentierhaltung aufklären. Und das Missionarische ist mir zuwider. Mein Aktivismus endet an diesem Tag. Aber die kommenden 24 Jahre esse ich kein Fleisch. Nun, zumindest keines aus Tierhaltung und nur in wenigen Ausnahmefällen Wild. Bis zum heutigen Tag.

An diesem nebligen Herbsttag, nach einem Besuch auf dem Antoni-Hof im Schwarzwald, von dem in einem späteren Kapitel noch die Rede sein wird, schiebe ich keine Tiefkühlpizza in den Ofen, sondern einen Rinderbraten, 1,4 Kilo schwer, über Nacht mit Salz, Pfeffer, Knoblauch und Rosmarin mariniert. Aus der Lüftung duften mir wunderbare Röstaromen entgegen. Sie werden leider etwas überlagert vom dunklen, fettigen Geruch der Rinderknochenbrühe auf dem Herd, die seit gut zehn Stunden vor sich hin köchelt und mich ein wenig an die Pansensnacks meines Hundes erinnert.

Doch bevor Missverständnisse aufkommen: Ich bin mehr denn in den späten 90ern davon überzeugt, dass die industrielle Massentierhaltung eine ökologische, zivilisatorische und moralische Katastrophe ist. Die Zahlen sind schwindelerregend.

Jedes Jahr schlachten wir weltweit 80 000 000 000 Landtiere. Achtzig Milliarden. In den 60er-Jahren war es gerade ein Zehntel davon. Mit Ausnahme des Pandemiejahres 2020 nahm die Zahl seitdem in jedem Jahr zu. Und dabei sind Meerestiere nicht eingerechnet. Die werden normalerweise in Tonnen angegeben, aber eine britische NGO hat versucht, auszurechnen, wie viele Individuen pro Jahr gefangen werden: Es sind zwischen 970 000 000 000 und 2 740 000 000 000 – also knapp eine bis drei Billionen Tiere. Doch die Ausbeutung der Meere ist ein Thema für ein anderes Buch. Daher zurück zu den Landtieren.

Die Hälfte der weltweiten eis- und wüstenfreien Landflächen werden für Tierhaltung und Tierfutter verwendet. Seit 1970 wurden 900 000 Quadratkilometer Amazonas gerodet, und laut Weltbank stehen auf 88 Prozent dieser gerodeten Flächen Rinder. In dieser Zahl sind Flächen für die Futterproduktion nicht eingerechnet. Industrielle Fleischproduktion ist wahnsinnig ineffizient. Für die gleiche Menge Protein aus Rind braucht man bis zu 17-mal mehr Land, 26-mal mehr Wasser und 20-mal mehr fossile Energie als für Protein aus Soja.

Wie wir am Anfang dieser Reise gelernt haben, ist die Landwirtschaft maßgeblich für die riesigen Todeszonen in den Weltmeeren und Binnengewässern verantwortlich. Das geht nicht allein auf Fleischproduktion zurück, aber zu einem sehr großen Teil. In den Niederlanden, dem zweitgrößten Agrarexporteur der Welt, ist das Problem so massiv, dass die dortige Regierung mit finanzieller Hilfe der Europäischen Union 1,5 Milliarden Euro in die Hand nimmt, um Viehwirte zum Aufgeben zu bewegen. Grenzen ihre Betriebe an Naturschutzgebiete, werden sie entschädigt, wenn sie ihre Betriebe freiwillig schließen. Bis zu 3000 Höfe sollen darunter fallen. Die Niederlande wollen so und mit anderen Maßnahmen die Zahl der Nutztiere um ein Drittel reduzieren, um der Überversorgung mit Stickstoff Herr zu werden.

Auch den Klimawandel werden wir nicht verlangsamen können, ohne unseren Fleischkonsum zu reduzieren. Zwischen 14 und 26 Prozent der globalen Treibhausgasemissionen sind auf Fleischkonsum zurückzuführen. Die fünf größten Fleischproduzenten emittieren gemeinsam mehr Treibhausgas als der Ölriese Exxon, die 20 größten mehr als Deutschland.

Doch Nutztierhaltung ist nicht nur für Umweltschäden verantwortlich, sondern sie bedroht auch eine unserer größten medizinischen Errungenschaften: Antibiotika. In den industrialisierten Ländern entfallen 50 bis 80 Prozent des gesamten Antibiotikaverbrauchs auf Nutztiere – manchmal werden sie rein präventiv eingesetzt. Das sind perfekte Bedingungen für die Evolution von multiresistenten Erregern. Jetzt schon sterben in der Europäischen Union plus Island und Norwegen jeden Tag rund 100 Menschen an multiresistenten Keimen. Das ist mehr als durch HIV, Tuberkulose und Grippe zusammen. In den nächsten 30 Jahren könnte sich diese Zahl vervierhundertfachen. Die höchste Rate an Resistenzen findet sich gegen Antibiotika, die für Nutztiere eingesetzt werden.

Der enorme Ressourcenverbrauch, der mit Fleisch und Milch einhergeht, kann nicht mehr lange weitergehen. Entweder wir schränken unseren Konsum ein, oder die physikalischen Grenzen des Planeten werden uns Schranken setzen. Allein aus Eigennutz müssten wir also unseren

Rinder des Brandenburger Betriebs Wilmars Gærten vor einer Penck-Skulptur

Fleischkonsum reduzieren. Doch der nimmt mit steigendem Wohlstand zu. Der durchschnittliche Chinese aß in den 60er-Jahren weniger als vier Kilo Fleisch pro Jahr, inzwischen sind es 64 Kilo. Ein Durchschnittsdeutscher verspeist 52 Kilo, Tendenz leicht abnehmend. Hier in Spanien sind es 106 Kilo. Spitzenreiter sind die USA mit 129 Kilo.

Doch neben all den ökologischen Problemen sprechen wir hier von nicht-menschlichen Tieren, die fühlen und träumen, die Freundschaften schließen und sich um ihren Nachwuchs sorgen. Deshalb gibt es auch eine moralische Dimension. Ich habe nie geglaubt, dass es falsch ist, Tiere zu töten, um sie zu essen. Natur ist brutal, und wir waren immer Teil davon. Mein Problem war und ist vielmehr die industrialisierte Haltung, die Tiere zu Produkten degradiert. Damals, während meiner kurzen Karriere als veganer Aktivist, haben wir gerne Mahatma Gandhi zitiert. »Die Größe einer Nation und ihr moralischer Fortschritt kann danach bemessen werden, wie gut sie ihre Tiere behandelt.« Ob der Satz wirklich von Gandhi stammt – wer weiß, aber natürlich gilt: Moralische

Standards sind nichts wert, wenn wir sie nicht auch Individuen entgegenbringen, die schwächer sind als wir. Und der Umgang mit Nutztieren in der industrialisierten Massentierhaltung ist ein moralisches Totalversagen.

Von meinem Schreibtisch aus blicke ich nicht nur auf den Garten, sondern kann zwischen Riedgras und Eichen auch den benachbarten Schweinestall erkennen: unverputzte Ziegel, Asbestdach, daneben Speicher für das Futter. In den inzwischen sieben Jahren, die ich hier bin, habe ich die Schweine dort nicht ein einziges Mal gesehen. Sie kommen aus dem Stall, wenn es im Transporter zur Schlachtung geht. Manchmal höre ich sie schreien. Und der beißende Geruch ihrer Gülle zieht oft herüber.

Ich weiß nicht, wie es im Stall aussieht, aber ich habe eine Ahnung, dass es den Tieren nicht gut gehen kann. Manchmal fahre ich an den Arbeitern vorbei, die durch eine Hygieneschleuse auf das Stallgelände gehen – Vorsichtsmaßnahmen gegen die Schweinepest. Ich grüße sie, das macht man im Dorf, schließlich sind sie Nachbarn, aber insgeheim träume ich davon, den Stall abzureißen.

Schweine gehören zu den intelligentesten nicht-menschlichen Tieren. Für eine Studie, die 2021 erschienen ist, haben Forscher der US-amerikanischen Purdue University den beiden Yorkshire-Schweinen Hamlet und Omelet ein einfaches Computerspiel beigebracht. Die Tiere sollten mit einem Joystick einen Cursor zu einer Seite eines Bildschirms steuern. Wenn sie das Ziel trafen, bekamen sie ein Leckerli. Obwohl Hamlet und Omelet den Joystick mit der Schnauze steuerten und die Augen an der Seite des Kopfes keine optimale Sicht ermöglichen, taten die beiden das zuverlässig. Aber Schweine sind nicht nur intelligent, sondern zudem sehr sozial. Sie verbringen zehn Prozent ihrer Zeit mit Kontaktpflege, kuscheln sich an befreundete Schweine. Und sauber sind sie auch. Wenn sie den Platz haben, verrichten sie ihre Geschäfte nie dort, wo sie ruhen oder fressen.

Im Zuge der Domestizierung haben wir ihnen ein Drittel der Gehirnmasse weg- und vier Rippen hinzugezüchtet. Sie können deshalb so lang werden, dass sie unter ihrem eigenen Gewicht zusammenbrächen, würden wir sie nicht zuvor schlachten. Schwangere Sauen halten wir in Kastenständen, etwa zwei Meter lang und 70 Zentimeter hoch, Beton oder Plastik auf dem abschüssigen Boden, damit Scheiße und Urin abfließen können. Die Tiere können sich in den Kastenständen weder drehen noch auf die Seite legen und die Beine ausstrecken. In manchen Ländern dürfen die Sauen die gesamte Schwangerschaft über darin eingepfercht bleiben – müssen also bis zu vier Monate in einer Richtung stehen. Selbst in Deutschland, mit einem der vermeintlich strengsten Tierschutzgesetze der Welt, ist das bisher für gut fünf Wochen erlaubt.

Nach der Geburt geht es ins Abferkelgitter. Da kann die Sau sich wenigstens auf die Seite legen, damit die Ferkel auf der anderen Seite des Gitters säugen können. Wenn die Ferkel dann die Säugephase hinter sich gebracht haben, geht es für die Sauen wieder in den Deckstall, wo sie innerhalb einer Woche wieder besamt werden und der Prozess von Neuem beginnt. Es ist ein Leben in permanenter Bewegungslosigkeit – im Schnitt verbringen Sauen fünf Monate im Jahr fixiert.

»Es bestehen verfahrensspezifisch erhöhte Risiken für die Tiergesundheit, die sich kaum oder nur mit erheblichem Managementaufwand beherrschen lassen«, heißt es in bestem Behördendeutsch im »Nationalen Bewertungsrahmen Tierhaltungsverfahren«, der unter anderem vom Bundesministerium für Ernährung und Landwirtschaft herausgegeben wird. Zu Deutsch: Die Haltung in Kastenständen kann die Sauen krank machen – körperlich und geistig.

Spätestens seit einem Urteil des Magdeburger Verwaltungsgerichts aus dem Jahr 2015 und dessen Bestätigung durch das Bundesverwaltungsgericht im Jahr darauf ist klar, dass diese Haltung gegen bestehende Tierschutzgesetze verstößt. Im Gesetz hieß es: »Kastenstände müssen so beschaffen sein, dass die Schweine sich nicht verletzen können und jedes Schwein ungehindert aufstehen, sich hinlegen sowie den Kopf und in Seitenlage die Gliedmaßen ausstrecken kann.« In den meisten Deckställen in Deutschland ist das jedoch nicht möglich.

Landwirte rechtfertigen Kastenstand und Abferkelgitter damit, dass die Sauen die Ferkel sonst erdrücken können. Aber so eine Muttersau weiß bei artgerechter Haltung ziemlich gut, wie sie ihre Kinder am Leben hält. Wildschweinsauen streifen kilometerweit durch die Wälder, um Nester für die Geburt zu finden, und bleiben anderthalb Jahre bei ihrem Nachwuchs. Bei uns hier im Wald haben die Wildschweine ein kleines Schwimmbad angelegt, etwa zwei mal zwei Meter groß und einen halben Meter tief, um sich darin zu suhlen und sich dann an den Bäumen drum herum abzuschubbern. Manchmal sehe ich die Schweinefamilien grunzend über die Terrassen hinter dem Haus laufen.

Im Stall werden die Ferkel nach drei bis vier Wochen von den Sauen getrennt. Den männlichen Tieren wird dann der Hoden abgeschnitten und der Samenleiter mit einer Zange abgequetscht, sonst schmecken die Schnitzel nicht. In Deutschland müssen die Ferkel dafür seit 2021 immerhin betäubt sein. Hier hat ein 50 bis 110 Kilo schweres Schwein dann Anspruch auf 0,75 Quadratmeter Stall. Artgerecht ist das nicht. Die Schweine beißen sich in der Enge die Ringelschwänze blutig, deshalb werden diese präventiv abgeschnitten. Oft stehen die reinlichen Schweine im Stall in der eigenen Scheiße und dem eigenen Urin.

Seit 2021 gilt in Deutschland immerhin eine Änderung der Tierschutz-Nutztierhaltungsverordnung, die die Haltung im Kastenstand stark einschränkt. Allerdings gelten lange Übergangszeiten. In Deckzentren ist der Einsatz des Kastenstands ab 2029 nur noch kurzfristig für die Besamung zulässig. Im Abferkelstall dürfen die Sauen nur noch fünf statt 35 Tage fixiert werden.

Bei uns unten im Dorf steht eine industrielle Schinkenfabrik. Sie passt nicht in die Landschaft, viel zu groß. Die LKW, die beliefern und abtransportieren, passen kaum durch die engen Kurven der Straße, die sich das Tal hochwindet. Kürzlich wurde das ursprüngliche Gebäude dieser Fabrik abgerissen. Es sah aus, als stammte es aus den 70er-Jahren. An dessen Stelle baut der Eigentümer der Fabrik – wir nennen ihn den Schinkenbaron – nun einen neuen Trakt, 20 Millionen Euro teuer. Es gehen Gerüchte im Dorf herum, dass bei der Vergabe der Baugenehmigung nicht alles mit rechten Dingen zugegangen ist. Angesichts des traurigen Zustandes des Baches sehe ich große Probleme auf das

Tal zukommen. Schon jetzt klagen Bauern, dass der Grundwasserspiegel stetig sinkt.

Es gab eine Petition gegen diese Erweiterung. Auch Catharina und ich haben unterschrieben, so wie knapp 300 andere. Immerhin mit einem kleinen Erfolg: Die Fabrik wird statt zwölf Meter, wie ursprünglich geplant, nur sieben Meter hoch. Doch seitdem ist meine Quelle für Wildschwein, das einzige Fleisch, das ich mit gutem Gewissen esse, versiegt: Der Bürgermeister und Chefjäger des Dorfes ignoriert meine Nachfragen danach ziemlich genau seit dieser Petition. So verhindern die Dynamiken auf dem Dorf ein Vorgehen gegen offensichtliche Missstände: Würde ich klagen, hieße das vermutlich den sozialen Ausschluss aus der Dorfgemeinschaft. Jetzt kommt also die Erweiterung, und die Schweine aus dem Stall vor meinem Fenster werden als Ibérico-Schinken in die Welt geschickt.

Das destruktive System der Massentierhaltung, das hinter hundert Gramm Schweinekotelett für 70 Cent steht, ist für mich weder ökologisch noch moralisch vertretbar. Vegan zu leben, wäre die logische Konsequenz. Doch ich bin fehlbar. Ein guter Appenzeller, Morbier oder Roquefort auf frischem, selbst gebackenen Sauerteigbrot ist leider eine Offenbarung. Seit zwanzig Jahren esse ich wieder Milchprodukte, obwohl ich weiß, dass sie nicht von der Fleischproduktion getrennt werden können, weil die Kälber der Milchkühe geschlachtet werden.

Aber wie reduzieren wir Fleischkonsum, der so sehr Teil unserer Kultur ist, dass verordnete Einschränkungen, oder auch nur die Aufforderung dazu, unweigerlich als linksgrüne Tyrannei gebrandmarkt werden? Aktivisten vor McDonald's werden niemanden vom Veganismus überzeugen. Es wäre zumindest ein großer Schritt getan, wenn Fleisch weniger quälend für Tiere und mit weniger Ressourcenverschwendung produziert würde. Ich habe versucht herauszufinden, wie das gehen kann – und ob ich das auf unserem Acker im Kleinen umsetzen kann.

Die Idee, Schafe zu halten, habe ich schon lange. Ich habe die Wiesen auf Sota la Quinta zunächst mit dem alten Minitraktor der Nachbarn, dann mit einem Balkenmäher kurz gehalten. Beides ist mir intuitiv zuwider. Maschinen, die mit Diesel oder Benzin angetrieben werden, um Gras kurz zu halten, kommen mir falsch vor. Ein Balkenmäher funktioniert ähnlich wie ein Bartschneider. Zwei übereinanderliegende Blätter mit scharfen Metallzähnen bewegen sich hin und zurück. Alles, was dem Balkenmäher in den Weg kommt, wird gekappt. Leider hält er nicht nur Gras kurz, sondern tötet auch Insekten und anderes Getier. Letztlich entkam eine Aspisviper nicht schnell genug. Ich habe sie mit dem Balkenmäher unabsichtlich in Stücke gerissen. Da habe ich beschlossen, dass wir nur noch mit der Hand sensen. Das ist zwar mit Übung weniger mühselig, als man annehmen mag, und eine wunderbar meditative Beschäftigung, aber bei drei Hektar und über 30 Grad kein Spaß mehr. Schafe wären eine natürliche Lösung.

Sie nutzen Gras als Futter und halten es so kurz. Durch ihren Mist bringen sie Nährstoffe in den Boden. Und all das machen sie, ohne Schlangen und Insekten zu töten. Aber ich wollte zunächst rausfinden, ob das wirklich so einfach ist, wie ich mir das vorstelle, und dann schauen, ob Fleisch nachhaltig und moralisch vertretbar funktionieren kann. Die erste Station dieser Suche liegt in den französischen Alpen nahe dem trostlosen Olympiaort Albertville.

VIEH II
MIT SCHÄFERN DURCH DIE FRANZÖSISCHEN ALPEN

Es ist kurz vor Mitternacht. Die Hunde vor der kleinen Berghütte schlagen an, bellen in die Dunkelheit der Berge. Drei Wölfe schleichen sich in Richtung der Schafherde, die in einer Senke unterhalb des Gipfels ihr Nachtquartier hat. Die massiven Schutzhunde, türkische Kangals, portugiesische Cão de Gado Transmontanos und rumänische Ciobănesc Românesc Carpatin positionieren sich schützend vor die Herde, doch die Wölfe kommen immer näher. Schließlich sind sie nur noch ein paar Meter entfernt. Einer der Schutzhunde greift einen Wolf an, gerät in einen Kampf – und gewinnt. Die Wölfe ziehen geschlagen ab.

In der Morgendämmerung berichten Jäger den Schafhirten Nanouk Dognies und Lennart Claaßen von der dramatischen Nacht. Hier in den Savoyen in den französischen Alpen hüten sie gut 1000 Schafe – Tendenz wegen der Wölfe sinkend. 200 der Schafe sowie ein paar Ziegen gehören ihnen, der Rest zwei anderen Schäfern.

Claaßen, Anfang 30, in Berlin aufgewachsen, hat wilde, dicke braune Locken. Dognies, Mitte 30, ursprünglich aus dem französischen Teil Belgiens, hat langes, glattes blondes Haar. Er trägt meist schwarz, Dognies Overalls. Die beiden haben sich vor knapp zehn Jahren in einer provenzalischen Schäferschule kennengelernt, hüten seitdem zusammen und erwarten in drei Monaten ihr erstes Kind. Während Dognies vor allem mit den Tieren arbeitet, hat Claaßen darüber hinaus ein weiteres

Lennart Claaßen wacht über seine Herde.

Ziel: Er will mit Hilfe der Schafe die Biodiversität der Weiden verbessern, »das Potenzial der Natur entfalten«, wie er sagt.

Ich besuche die beiden Ende September, will mein romantisches Bild über Schafhaltung geraderücken. Erst langsam zieht der Herbst ein. Die Weiden sind durstig gelb, aber für die Schafe ist genug Gras da. Dognies und Claaßen ziehen sie von Geburt an ohne Beifütterung groß. Sie wollen ihnen ein artgerechtes Leben bis zum Ende ermöglichen. Bald sind die Lämmer groß genug für die Schlachtung. In ein paar Wochen geht es für Dognies, Claaßen und ihre Herde zurück in die Cevennen, wo sie ihr Winterlager haben.

Der Tag auf der kleinen Hütte unterhalb des *Col de Loups* – des Wolfspasses – beginnt langsam. Kaffee aus der Macchinetta, selbst gebackenes Brot mit lokalem Käse. Unter die Dusche traut sich keiner – Warmwasser gibt es nicht. Gegen halb zehn führt mich Claaßen auf die Weiden hinter der Hütte. Dognies bleibt daheim. In der Woche zuvor war Claaßen krank, und sie musste hochschwanger die Schafe hüten. Dafür kommen die Arbeitshunde Riff, Mokka und Loup mit. Es sind australische Kelpies, recht klein scheinen sie mir für Schäferhunde, rund 40 Zentimeter hoch und 20 Kilo schwer. Dognies hat sie trainiert. Und dann ist noch Ness mit von der Partie, ein Australian Shepherd, den Claaßen trainiert hat. Eigentlich ist Ness auch ein Arbeitshund, aber weil Claaßen eine Rechts-links-Schwäche hat, ist Ness ein wenig verwirrt und spaziert vor allem nebenher.

Wir wandern steile Hänge entlang, die mit Blaubeeren bewachsen sind. Ein paar kleine, süße Früchte kann ich noch pflücken. Die Schafe sind schwer zu erkennen, weil sie aus der Entfernung beinahe die gleiche Farbe haben wie eine Mischung der Steine und des Grases. Ein paar Tage zuvor sind die Wölfe schon einmal gekommen, da konnten die Schutzhunde sie nicht verjagen. Die Wölfe rissen ein Tier, vielleicht sogar mehrere. Schafe kann man nicht so leicht zählen.

Dass es hier wieder Wölfe gibt, ist eine Erfolgsgeschichte der Renaturierung. Anfang des 20. Jahrhunderts war der Wolf in Frankreich nach vielen Kampagnen, die sich über Jahrhunderte erstreckten, ausgerottet. In den 70er-Jahren wurden Wölfe international unter Schutz gestellt und konnten sich langsam wieder erholen. In Italien wuchsen die verbliebenen Populationen und expandierten nach Frankreich. Seit den 80ern gibt es wieder Wölfe im Land. Meist da, wo Schäfer und Schäferinnen ihre Herden hüten.

80 Schafe haben Dognies und Claaßen über den Sommer an die Wölfe verloren. Sie werden dafür vom Staat kompensiert. 220 Euro pro Schaf – zumindest, wenn sie es beweisen können. Wenn die Schafe einfach verschwinden, gibt es nichts. Wenn die Wölfe wiederholt Tiere einer Herde reißen, können Schäfer nach dem ultimativen Mittel verlangen und Jäger rufen. Die dürfen dann eine gewisse Zahl Wölfe schießen, wenn sie dadurch die Population nicht gefährden. Es ist ein schmaler Grat zwischen Artenschutz und Herdenschutz, Biodiversität und Ökonomie.

Wir kommen am Nachtpferch an. Die Schafe sind mit leichten Elektronetzen eingezäunt. Früher haben die Almhirten sie hinter Mauern aus Steinen eingepfercht und von dort aus täglich zu ihren Weideplätzen getrieben. Die Netze haben einen Vorteil: Sie können schnell an anderer Stelle aufgeschlagen werden. Diese technische Errungenschaft ist

Schafe von Friendly Flock

zentral für die Idee, die Claaßen hier ausprobiert und in die er viel Hoffnung setzt. Sie nennt sich *holistic planned grazing*, oder zu Deutsch »ganzheitliches Weidemanagement«.

Die Idee geht auf den Viehhirten, Wildhüter, Soldaten und Politiker Allan Savory zurück. Holistic Grazing ist wohl die umstrittenste Praktik regenerativ arbeitender Landwirte und Landwirtinnen. Deshalb widme ich dieser Idee und der Debatte darum das gesamte folgende Kapitel. Jetzt nur so viel: Beim Holistic Grazing geht es darum, Vieh – in Claaßens Fall Schafe – so zu bewegen, dass das Gras sich möglichst gut erholen kann. Dafür bleiben die Tiere kurz und kompakter auf ihren Weideflächen, und der Umtrieb findet statt, wenn das Gras weder überweidet ist und abstirbt, noch unterweidet ist und vertrocknet.

Inzwischen gibt es weltweit über 50 sogenannte Savory Hubs, an denen diese Technik gelehrt wird. Claaßen hat sich in Irland fortgebildet. Aber mit Schafen in den Alpen ist das Gelernte nicht so einfach umzusetzen. Eigentlich wäre eine Herde, die eng steht und sich als Einheit bewegt, gegenüber Wölfen besser geschützt. Da das moderne Schaf in Europa bis vor wenigen Jahren jedoch so gut wie nie mit dem Wolf in

Kontakt gekommen ist, ist der Instinkt, sich durch enges Zusammenstehen zu schützen, verloren gegangen. Claaßen behilft sich mit den Nachtpferchen. Die Tiere bleiben drei Nächte an einer Stelle, und dann schleppt er die Netze zu einem neuen Quartier.

Auf der Suche nach einem hinkenden Schaf schleicht er durch die Herde. Vor ein paar Tagen war es vor einem Wolf geflohen und in eine Felsspalte gestürzt, aus der Claaßen es gerettet hat. Zuerst dachte er, es hätte sich die Hüfte gebrochen. Dies wäre das Todesurteil für das Tier gewesen. Doch es scheint ein Beinbruch zu sein, den er mit Gips verarzten kann. Mit ein wenig Glück hat das Tier so noch eine Chance.

Claaßen lässt die Tiere aus dem Pferch und wickelt die vier Zäune ein. Jeder ist 50 Meter lang. Dann spannt er sie auf seinen Rucksack mit Tragegestell, nimmt das Weidezaungerät und das Solarpanel in die Hand, mit denen die Zäune unter Strom gesetzt werden, und beginnt den Aufstieg zum nächsten Weideplatz. Wir wandern den grasenden Schafen hinterher, es geht über kleine Bäche und an einer alten Schutzhütte vorbei. Der Weg ist beschwerlich. »Jetzt geht das noch gut«, sagt Claaßen. »Aber ob ich das in zwanzig Jahren noch schaffe, weiß ich nicht.«

Wir kommen zu einem der alten Nachtpferche aus Steinmauern. Die Vegetation dort unterscheidet sich deutlich von jener der Umgebung. Brauner, vertrockneter Alpen-Ampfer ragt einen Meter aus dem Boden, während darum Gräser und Alpen-Klee wachsen. Der Ampfer ist ein Neophyt, also ein eingeschlepptes Gewächs, das lokale Flora verdrängen kann. Er wird von Schafen gemieden, und gleichzeitig bringen die Schafe durch ihren Kot viel Nitrat in den Boden, das ihn bestens gedeihen lässt. Auf allen Nachtpferchen in der Umgebung hat der Alpen-Ampfer deshalb so gut wie alle anderen Pflanzen verdrängt. »Schäfer lieben ihre Tiere, und sie achten auf ihre Tiere, aber auch nur auf ihre Tiere, und dann vergessen sie das Gras«, sagt Claaßen und will es besser machen. Deshalb zieht er immer wieder um.

Ein letzter, steiler Aufstieg und wir kommen am nächsten Zwischenlager an: einer Senke hinter einem schroffen Felsen, die auf drei Seiten von steilen Abhängen begrenzt ist. Während die Schafe sich gemächlich den Berg heraufkauen, baut er den mobilen Nachtpferch wieder auf. Er rollt die vier Netze aus, steckt die Befestigungsstäbe in den Boden, verbindet die Netze an den Ecken und schließt das Weidezaungerät an, ohne den Strom zu aktivieren. In den drei Nächten, die die Schafe hier verbringen, fressen sie die Vegetation weitgehend ab, ohne sie bis auf die Wurzeln herunterzukauen. Gleichzeitig verdauen sie das Gras in ihren Mägen und bringen wieder Nährstoffe und Biomasse in den Boden ein. Allerdings nicht zu viel, damit nicht auch hier der Alpen-Ampfer übernimmt. Das zumindest ist die Theorie.

Die Schafe fressen sich den Hang hinauf. Manche wagen sich in den steilsten Teil direkt unter den Felsen. Wir machen Mittagspause auf einer Anhöhe. Die Schafe kauen entspannt. Claaßen erzählt, wie er hier gelandet ist. Nach dem Abitur ist er mit dem Traum, Surflehrer zu werden, nach Neuseeland gegangen. Dort angekommen, hat er allerdings so gut wie keine Zeit im Wasser verbracht, dafür umso mehr auf einem Rinderhof, wo er beim Melken geholfen hat. Die Faszination für Tierhaltung war geweckt. Nach einer desillusionierenden Zwischenstation auf einer konventionellen Kartoffelfarm ging es in die französischen Pyrenäen zu einem Schafhirten, der »Wein wie Wasser getrunken hat«. Claaßen musste den »Berg alleine arbeiten«, wie er sagt. Danach kam dann die Station in der Schäferschule, wo er Dognies kennenlernte. Knapp zehn Jahre hüteten sie gemeinsam Herden anderer Hirten.

Dass Claaßen die Idee des Holistic Grazing hier umsetzen kann, ist möglich, weil er und seine Partnerin sich vor einem Jahr selbstständig gemacht und die Herde eines Schäfers übernommen haben, der in den Ruhestand gegangen ist. Unter dem Namen *Friendly Flock* versuchen sie jetzt, ein Geschäft aufzuziehen. 60 000 Euro waren ihr Startkapital. Jetzt bekommen sie Geld von den anderen Schäfern, deren Schafe sie hüten, aus EU-Mitteln und durch den Verkauf von Lämmern. Letzteres ist allerdings bisher noch nicht angelaufen – bisher ist ein Lamm bestellt. Es ist ein Experiment. Ob sie mit den Schafen hier Biodiversität aufbauen können, ist noch offen. Es funktioniert in Teilbereichen, drängt in den Nachtpferchen Alpen-Ampfer zurück.

Claaßen kniet sich auf den Boden und legt mit seiner Hand den ergrauten Wurzelbereich eines Büschels Gras frei. Er reibt es zwischen den Fingern, und ich kann hören, wie es bricht. Es ist ein Warnzeichen für degenerierenden Boden: Das Gras ist oxidiert und zersetzt sich so gut wie nicht mehr. Es kann über Jahre so verharren oder es bricht, zerfällt zu Staub und wird vom nächsten Wind weggeweht. Viele der Nährstoffe sind damit verloren, und anstatt Kohlenstoffdioxid im Boden zu binden, gelangt es wieder in die Atmosphäre.

In solchen trockenen Konditionen wie hier zurzeit helfen Schafe, Nährstoffe in den Boden zu bringen. In ihren Mägen fermentiert das Gras, ihr Kot ist feucht, und für Mikroorganismen im Boden sind die Nährstoffe einfacher zugänglich. Das bringt nicht nur Kohlenstoff in den Boden, sondern hilft ihm dadurch auch, Wasser besser zu halten.

Das scheint in ariden Gebieten zu funktionieren – zumindest zeigt das eine Studie aus dem Jahr 2010 im amerikanischen Idaho, die sich die Auswirkungen ganzheitlichen Weidemanagements auf die Wasserhaltefähigkeit des Bodens angeschaut hat. Das Ergebnis: Böden, auf denen ganzheitlich gemanagte Wiederkäuer standen, hielten im Schnitt bis zu 50 Prozent mehr Wasser im Vergleich zu konventionell gemanagten Herden.

Claaßen zeigt mir Bilder aus ihrem Winterquartier in den Cevennen. Dort grasen die Schafe in Wäldern, ernähren sich vor allem von Kastanien. Auf den Bildern sieht man zwischen den Bäumen Gras wachsen. Vorher sei dort nichts gewachsen, erzählt er. Ein Winter habe gereicht, um dieses Wachstum anzuregen. Die Schafe scheinen also Einfluss auf die Vegetation zu haben, aber ob sich das im großen Stil langfristig positiv auswirkt, ist unklar. Er plant, wissenschaftlich überwachen zu lassen, wie sich sein Weidemanagement auf die Almen auswirkt.

Einen klaren ökologischen Vorteil gegenüber Stallschafen haben die Tiere hier aber: Sie bekommen keinen Input von außerhalb der Weidegründe. Sie fressen nur, was hier gedeiht. Das bedeutet zwar, dass sie langsamer wachsen, aber dafür wird weniger Energie in Form von Kraftfutter aufgewandt. Der Vorwurf, dass Tiere Energie verschwenden, die man ansonsten für pflanzliche Nahrungsmittel aufwenden könnte, die direkt von uns verzehrt werden können, gilt hier nicht. Gras können wir Menschen kaum verdauen. Doch Weidelamm, das sich allein von Gras ernährt, ist ein noch größeres Nischenprodukt als Lamm an sich.

»Die Tage hier oben können lang werden«, erzählt Claaßen. Normalerweise teilt er sich die Zeit mit Dognies, aber momentan muss er allein acht Stunden auf die Tiere aufpassen. Vor Sonnenuntergang treibt er die Schafe zurück in das Nachtquartier. Er kommandiert Riff und Mokka nach links, nach rechts, vorwärts. Die Schafe kommen in Bewegung. Loup, der dritte Hütehund, ist unbeeindruckt von den Kommandos und arbeitet nur mit, wenn er gerade motiviert ist. Nach einigen Anläufen findet die Herde schließlich in ihr Nachtquartier, Claaßen schließt den Zaun, schaltet den Strom an.

Es gibt noch einen Input, den das ständige Wechseln der Nachtpferche und die langen Ruhephasen, die den Weidegründen gegönnt werden, reduzieren können: Arznei. Die industrielle Massentierhaltung ist auf Antibiotika und Entwurmungsmittel angewiesen. Erkrankungen können sich ansonsten rasend schnell in den Ställen ausbreiten und ganze Herden dahinraffen. In der konventionellen Landwirtschaft werden Antibiotika in einigen Ländern präventiv verabreicht. In der Ökolandwirtschaft erst nach Diagnose. Ein großes Problem dabei ist wie gesagt, dass sich zunehmend Resistenzen entwickeln.

Seit vierzig Jahren werden etwa Entwurmungsmittel großflächig eingesetzt. Die Folgen sind dramatisch: In der intensiven Schafhaltung in Neuseeland, Australien, Südamerika und Afrika sind so gut wie alle Herden gegen die Wirkstoffgruppe Benzimidazole resistent. Wenn gleichzeitig Resistenzen gegen andere Wirkstoffgruppen auftreten, kann das bedeuten, dass es keinerlei wirksame Mittel gegen Wurmbefall gibt. Schaf- und Ziegenherden müssen in solchen Fällen oft aufgegeben werden. Was hilft, ist, die Weideplätze oft zu wechseln. Also genau das, was Claaßen macht. »Die Wurmeier brauchen Tage, um sich zu entwickeln«, sagt er, als wir im Nachtpferch stehen. »Bis dahin sind wir hier weg.« Claaßens Schafe werden regelmäßig getestet – bisher brauchten sie keine Entwurmungsmittel. Das hat auch Auswirkungen auf die Biodiversität hier.

Claaßen schaut sich die Vegetation am Boden an. »Ah, ein Mistkäfer«, ruft er, nimmt ihn kurz in die Hand und setzt ihn wieder ab. Sein Hund Ness stellt dem Käfer nach. Claaßen scheucht ihn weg. Entwurmungsmittel töten nicht nur parasitäre Würmer in den Schafmägen, sondern, werden sie ausgeschieden, auch Insekten auf der Weide. Insekten wie den Mistkäfer, der Tierdung zerkleinert, verdaut und Nährstoffe besonders schnell in den Boden bringt.

Jeder Input hat Nebenwirkungen, die oft erst nach Jahrzehnten deutlich werden – vom Rückgang der Mistkäferpopulationen bis zur Veränderung des Klimas. Unsere Landwirtschaft ist geprägt von Experimenten, deren Auswirkungen wir oft nicht ansatzweise verstehen. Wenn regenerative Landwirtschaft funktionieren soll, müssen diese Prozesse verstanden werden. Claaßens Ziel ist es auch, dass sich andere Menschen wieder an die Umwelt annähern. »Wir sind ja nichts anderes als die Natur, das Universum«, sagt er. »Alles eine Suppe.«

Auf ARTE schaue ich später ein Interview mit dem französischen Anthropologen Philippe Descola. Bei seinen Reisen nach Amazonien, Neuguinea oder Sibirien ist Descola klar geworden, dass es die Unterscheidung von Natur, der Welt der Tiere, Pflanzen und Dinge und der Welt des Menschen mit ihrer kulturellen und individuellen Vielfalt für viele Völker nicht gibt. Der Mensch wird als Teil der Natur gesehen. Wir sind mit der Welt der Dinge, der Welt der Tiere und Pflanzen verschränkt, und die Idee, sich daraus zurückzuziehen, ist zum Scheitern verurteilt. Das Schaf ist dafür ein gutes Beispiel.

Der Mensch begann vor 10 000 Jahren, es aus Wildschafen, vermutlich dem Armenischen Mufflon, zu domestizieren. Heidschnucken, Merinoschafe oder die britischen Herdwicks sind ohne den Menschen kaum überlebensfähig. Wenn sie nicht regelmäßig geschoren werden, brechen viele Schafe langsam unter dem Gewicht ihres eigenen Fells zusammen. Der Mensch hat ihnen den Instinkt weggezüchtet, vor den warmen Monaten ihr Haar an Bäumen oder Felsen kurz zu scharren.

Verloren gegangene Schafe, die trotz aller Widrigkeiten für Jahre auf sich allein gestellt überleben, erlangen oft kurzfristige Berühmtheit: Shaun, Shrek, Baarack oder Chris zum Beispiel, die nach Jahren in der Wildnis gefunden und dann geschoren wurden. Chris führt die Rangliste mit 40 Kilo verfilzter Wolle an – das Zweifache seines Körpergewichtes, genug für 71,8 Durchschnittspullover.

Claaßen und ich machen uns auf den Weg zurück zur Hütte. Die Sonne geht hinter den Almen unter, der Himmel auf der anderen Seite des Tals färbt sich pink. Im Norden sehe ich den eisbedeckten Gipfel des Montblanc. In der kleinen, leicht chaotischen Hütte bereitet Dognies einen einfachen Auflauf zu – dicke, lokale Würste und Buchweizen mit Käse überbacken. Die nächsten Tage sollen Regen bringen, vielleicht schon den ersten Schnee.

VIEH III
DIE KUH ALS KLIMARETTER?

Ich fahre zurück zu Sota la Quinta. Mit dem Zug geht es aus Albertville über Chambéry in Richtung Südfrankreich. Was Dognies und Claaßen mit ihren Schafen machen, zeigt neben der Romantik und den Entbehrungen des Lebens als Schäfer oder Schäferin, dass Wiederkäuer eine Funktion in einem gesunden Ökosystem haben. Für unseren Hof habe ich mich gegen Schafe entschieden. Einfach weil es zu viel Arbeit ist, weil man es nicht nebenher machen kann, weil es zu viel Verantwortung bedeutet. Für den Wald hinter dem Haus überlege ich aber, Ziegen anzuschaffen. Sie sind robuster und genügsamer, halten das Unterholz frei und sind somit eine natürliche Prävention gegen Waldbrand. Allerdings ist damit nicht das Problem der Wiesen gelöst. Deshalb heißt es wohl, weiterhin mit der Hand zu sensen.

Als eine skalierbare Lösung für die Probleme der Landwirtschaft erscheint mir Schafhaltung nicht. Es gibt sicherlich Flächen, wie etwa in den Alpen über der Baumgrenze, wo Schafherden zum einen Nahrung produzieren, zum anderen dem Ökosystem helfen. Aber wir produzieren global gerade ein Prozent der Proteine unserer Nahrung mit Weideviehhaltung. Die Frage ist, wie weit man das nach oben schrauben kann.

Was ich erst nach meiner Rückkehr aus den französischen Alpen erfahren habe, ist, dass um die Idee des Holistic Grazing eine erbitterte Debatte zu Chancen und Risiken geführt wird. Auf Twitter gehen sich Kritiker und Wortführer der Methode teils persönlich an. Die einen sehen im ganzheitlichen Weidemanagement unsere Rettung, die anderen warnen vor falschen Hoffnungen. Es gibt nichts, womit ich mich für dieses Buch länger beschäftigt habe. Auch aus persönlicher Motivation. Viehhaltung begleitet mich schließlich seit meinen Tagen als veganer Aktivist. Und ich mag Fleisch, würde es essen, wenn es nicht mit den enormen ökologischen Kosten verbunden wäre. Schauen wir uns also die Geschichte des Holistic Grazing einmal genauer an. Sie hat ihren Ursprung im südlichen Afrika.

In den 50ern begann der studierte Zoologe und Botaniker Allan Savory seine Karriere als Wildhüter der Kolonialverwaltung im heutigen Sambia, zog später in das heutige Simbabwe. Die britischen Kolonialherren nannten die Gegend im südlichen Afrika damals Rhodesien. Savory studierte Guerilla-Kriegsführung und Fährtenlesen und setzte beides erst im Kampf gegen Wilderei, dann als Soldat ein. Ende der 50er-Jahre kämpfte er in einem Konflikt im benachbarten Malawi (damals Nyasaland), der sich ausgerechnet an Maßnahmen gegen Bodenerosion entflammte, in den 60ern im Bürgerkrieg gegen schwarze antikoloniale Guerillas. Savory wurde zudem Mitglied im Kolonialparlament für die rechte Rhodesian Front.

Ebenso wie die Kolonialherren dem Land einen europäischen Namen aufzwangen, zwangen sie ihm auch europäische Ideen des Umweltschutzes und der Viehhaltung auf. Sie schufen Nationalparks und Reservate, aus denen sie die indigene Bevölkerung verbannten, oder schränkten, wie in Malawi, Landwirtschaft ein, um Bodenerosion zu verhindern. Savory sah mit an, wie sich die Parks in Wüsten verwandelten und die Tiere dort verhungerten. »Gnus, die am stärksten betroffen waren, hatten in den ersten sechs Monaten 80 Prozent ihrer Kälber verloren«, schrieb er über einen Nationalpark, den er 1963 besuchte.

Savory machte Überweidung als Problem aus: Zu viele Tiere würden einen zu hohen Druck auf das Land ausüben, indem sie zu viel weiden und sich dadurch ihrer Lebensgrundlage berauben. Er setzte sich dafür ein, die Zahl der Wildtiere zu dezimieren. Savory hatte makabren Erfolg: Die damalige Regierung ließ 40 000 Elefanten abschlachten. Doch das Land verbesserte sich nicht. Das war ein Wendepunkt in Savorys Denken. Er nannte es den »größten und traurigsten Fehler meines Lebens«. Savory suchte neue Lösungen.

Als Guerillakämpfer hatte er gelernt, Fährten zu lesen, war über das Land geflogen und hatte beobachtet, wie europäische und indigene Praktiken sich unterschieden: »Ich habe auf Land, das Europäer beweidet haben, Fährten gelesen, und drei Stunden später bin ich über Land geflogen, das von indigenen Hirten beweidet wurde.« Während die Europäer ihr Vieh typischerweise an einem Ort, oft eingezäunt, hielten, zogen die lokalen Hirten mit ihren Tieren über das Land. Ersteres hinterließ verwüstende Flächen, Letzteres sichtlich gesünderes Land. Savory folgerte, dass die Praktiken der lokalen Hirten der Bewegung von Wildtierherden ähnelte und daher besser mit dem Land interagierten.

Getrieben von Raubtieren wie Löwen oder Hyänen suchen die Wildtiere in großen, dichten Herden Schutz und sind ständig in Bewegung. Savory überlegte sich, dass man dies mit dem Vieh imitieren könnte. Anstatt die Zahl der Wildtiere zu reduzieren, müsse man das Vieh, als wenn es von Raubtieren gejagt werden würde, kurz und dicht auf kleinen Flächen stehen lassen. Er begann, die Idee umzusetzen, und hatte Erfolg. Das Land erholte sich. »Diese Methode der Kurzzeitbeweidung (oder Savory-System) beinhaltet eine schnelle Rotation des Viehbestands, die eine Überweidung jeglicher Pflanzenart verhindert und gleichzeitig zu einer raschen Verbesserung der Weideflächen und einer erhöhten Fähigkeit führt, sowohl Vieh als auch Wildtiere zu versorgen«, schrieb Savory 1969.

»Ich bin Umweltschützer und habe eine konventionelle Ausbildung als Wissenschaftler, sodass ich mit dem Hass auf Kühe aufgewachsen bin und alle konventionellen Mythen geglaubt habe. Aber dann habe ich durch meine eigene Arbeit und die Arbeit anderer herausgefunden, dass wir falschlagen. Also habe ich mich geändert«, sagt er später.

Savory überwarf sich aufgrund rassistischer Politik mit der dortigen Regierung und schlug sich in den 70ern auf die Seite der schwarzen Bevölkerungsmehrheit. »Wenn ich schwarz geboren wäre, wäre ich Guerilla geworden«, habe er gesagt und sei deshalb als Terrorist gebrandmarkt worden. Savory floh in die USA ins Exil und begann von dort aus, seine Ideen in die Welt zu tragen. Schon 2015 gab es laut Savory auf allen Kontinenten außer der Antarktis Viehhirten und Viehhirtinnen, die seine Praktiken auf 16 Millionen Hektar anwandten – also etwa der Größe der landwirtschaftlichen Flächen in Deutschland.

Weltweit bekannt wurde Savory 2013 durch einen Vortrag auf einer TED-Konferenz, der viral ging. Sein Vortrag »Die Wüste begrünen und den Klimawandel umkehren« wurde auf YouTube und der Webseite von TED 14 Millionen Mal angeschaut. Die Fallhöhe seiner These hätte er nicht höher hängen können. »Es gibt nur eine Möglichkeit, nochmals, nur eine Möglichkeit, die den Klimatologen und Wissenschaftlern bleibt: das Undenkbare tun und Viehherden einsetzen, die im Verbund umherziehen, einstige Herden und Raubtiere ersetzen und die Natur nachahmen. Es gibt keine andere Möglichkeit für die Menschheit«, sagte Savory. In seinem Vortrag zeigte er Beispiele seiner Praktiken in Patagonien und Simbabwe und erklärte, man könne sie auf dem Großteil der Erdoberfläche umsetzen. »Selbst wenn es uns nur auf der Hälfte der globalen Grasflächen gelingt, die ich Ihnen gezeigt habe, können wir auf ein vorindustrielles Niveau [der Kohlenstoffdioxid-Konzentration] gelangen und zugleich Menschen ernähren.« Zu sagen, das sei umstritten, wäre untertrieben.

Ein Grundproblem der Idee Savorys kann man sich einfach vor Augen führen: Ein Gnu ernährt sich von Gras, nimmt Proteine, Kohlenhydrate und andere Nährstoffe auf und verwandelt sie unter anderem in Muskeln, Organe und Knochen. Das Gnu nimmt vom Land. In einem geschlossenen Ökosystem würde es diese Nährstoffe mit Kot und später mit seinem verwesenden oder von Löwen oder Hyänen verdauten Körper dem Land zurückgeben. Auch wenn Pastoralisten mit ihren Herden über das Land ziehen, mit und von ihnen leben, schließlich auf demselben Land sterben, bleibt der Zirkel geschlossen.

Wenn wir aber Savorys Idee folgen und sie in die globale Nahrungsmittelproduktion integrieren, nehmen wir die in der Kuh konvertierten Nährstoffe aus dem Ökosystem, transportieren sie in die Städte, essen sie als Steak oder Filet. Das nehmen wir dem Land und geben es nicht zurück. Da endet die Imitation eines Ökosystems mit Vieh. Natürlich, Pflanzen geben dem Land durch Photosynthese Biomasse und Nährstoffe zurück, aber der Kreislauf ist gebrochen, und an einem Punkt braucht es wieder Inputs. »Management ist das Problem«, sagte Savory während eines Vortrags in England, »Vieh, die unschuldigen Tiere waren nie das Problem.« Aber dabei ignoriert er, dass das Gnu unschuldig ist, die Kuh, domestiziert und um die Welt geschifft, aber – um in seinem Bilde zu bleiben – die Schuld des Menschen aufgebürdet bekommen hat.

»Wir halten alle Behauptungen von Herrn Savory für unbegründet und sind zutiefst besorgt, dass sie das Potenzial haben, bewährte praktische Ansätze zur Bewirtschaftung und Wiederherstellung von Weideland zu untergraben, die von einer weltweiten Gemeinschaft von Praktikern und Wissenschaftlern unterstützt werden«, schreibt ein Team von Ökologen um den Professor für Weideökologie David D. Briske als Antwort auf Savorys Vortrag. »Die beiden Hauptannahmen, die Savorys Präsentation zugrunde liegen, sind allein schon Grund für extreme Skepsis. Die erste ist, dass die Menschen die grundlegenden Beziehungen zwischen Grasland und Weidevieh seit Jahrhunderten missverstanden haben und dass nur er die wahre Natur dieser Beziehung kennt. Die zweite, dass die intensive, konzentrierte Beweidung mit Vieh, speziell die von Savory entwickelte Methode, die einzige praktikable Lösung ist, um die Wüstenbildung und den Klimawandel aufzuhalten.«

Ich habe versucht nachzuvollziehen, wie Savory zu seinen Annahmen gekommen ist: 1,7 Billionen Tonnen Kohlenstoffdioxid haben wir durch industrielle Aktivitäten seit 1750 ausgestoßen – 1 700 000 000 000 Tonnen. Dazu kommen Emissionen durch Rodungen, Trockenlegungen von Mooren, Pflügen und andere Änderungen der Landbeschaffenheit. Aber nehmen wir die 1,7 Billionen Tonnen als Soll, das ausgeglichen werden müsste.

Je nach Definition sind 20 bis 40 Prozent der globalen Landoberfläche Graslandschaften, in absoluten Zahlen 2,6 bis 5,2 Milliarden Hektar. Mehrere Studien haben sich das Potenzial von Kohlenstoffbindung durch Holistic Grazing und ähnliche Praktiken angeschaut. Die Ergebnisse sind auf den ersten Blick beeindruckend. Eine Studie aus dem Jahr 2015 kam zu dem Ergebnis, dass Weidemanagement nach Savorys Vorbild in den amerikanischen Great Plains über Jahrzehnte Kohlenstoff binden und nettonegativ sein könnte. Ein Team von Wissenschaftlern und Wissenschaftlerinnen hat sich 2018 die Treibhausgasemissionen der White Oak Pastures Farm im US-Bundesstaat Georgia angeschaut. Dort lassen sie Kühe, Schafe und Geflügel über ihre Felder rotieren. Die Ergebnisse des durch Peer-Review geprüften Artikels sind erstaunlich: Die Farm hat 66 Prozent weniger Emissionen als ein konventionell geführter Betrieb. Das Team errechnete, dass auf den White Oak Pastures 8,4 Tonnen Kohlenstoffdioxid pro Jahr und Hektar aus der Atmosphäre gezogen werden könnten. Studien, die auf anderen Betrieben durchgeführt wurden, kommen sogar auf 13,2 Tonnen Kohlenstoffdioxid pro Jahr und Hektar. Vor allem in degradierten Böden kann schnell und effektiv Kohlenstoff aufgebaut und der Boden innerhalb einer Dekade an seinen ursprünglichen Zustand angenähert werden.

Legt man die optimistischsten Werte zugrunde und rechnet sie auf die oberste Grenze der globalen Graslandflächen an, kommt man auf 67 Milliarden Tonnen Kohlenstoffdioxid im Jahr – das wären etwa vier Prozent des Ausstoßes seit 1750. Nach dieser Rechnung wäre das Potenzial des Holistic Grazing in der Tat enorm. Innerhalb von 25 Jahren könnte man dadurch die bis 2022 aufgelaufenen Kohlenstoffdioxid-Emissionen ausgleichen. Doch Potenzial und Umsetzung sind verschiedene Dinge.

Es gibt einen wichtigen limitierenden Faktor: Wasser. Savory bezieht seine Thesen vor allem auf aride und semiaride Gebiete, also auf Gegenden, in denen der Niederschlag im Mittel geringer ist als die Verdunstung. Aber wenn es nicht regnet, kann auch nichts wachsen. Das ist banal, aber entscheidend. Gräser bestehen zu 40 Prozent aus Kohlenstoff. Will man das volle Potenzial ausschöpfen, müssten auf einem Hektar pro Jahr neun Tonnen Biomasse anfallen – in ariden oder semiariden Gebieten ist das unmöglich. Aber auch die Fähigkeit von Pflanzen,

Kohlenstoff zu binden, hängt von Wasser ab. Und in Dürrezeiten werden aus Kohlenstoffsenken oft Kohlenstoffquellen.

In diesen Tagen, in denen ich das schreibe, geht ein Video der White Oak Pastures viral. An einem Tag nach schwerem Regen schwenkt das Video über die Weiden von White Oak, die nach Savorys Prinzip gemanagt werden, und über konventionelle Weiden der Nachbarn. Wasser fließt aus den Feldern in eine Senke. Das Wasser aus den Weiden der White Oak Pastures hat die Farbe von schwarzem Tee und läuft gemächlich ab. Das Wasser der Nachbarn stürzt schlammig braun herab. Gesunde Böden können bis zu 250 Millimeter Wasser die Stunde aufnehmen – also wie bei einem extremen Starkregen –, degenerierte Böden erodieren unter solchen Bedingungen. Das Video ist eindrucksvoll, aber allgemeingültige Schlüsse über Holistic Grazing kann man daraus wiederum nicht ableiten. Dafür wissen wir zu wenig über die Praktiken des Nachbarn und auch über die der White Oak Pastures.

Als Berechnung für das globale Potenzial von Grasland sind einzelne Fallbeispiele ungeeignet. Global kommen Schätzungen auf 0,9 Tonnen Kohlenstoff, die Graslandschaften pro Hektar binden könnten – das sind insgesamt zwischen einer und zwei Milliarden Tonnen pro Jahr. Das ist sicherlich viel, aber anstatt 25 Jahren bräuchte man nach dieser Rechnung 833 Jahre, um die bis dato angefallenen Emissionen auszugleichen. Außerdem gibt es ein oberes Limit, wie viel Kohlenstoff Böden speichern können. Schätzungen sprechen davon, dass degenerierte Böden dieses Limit mit gutem Management innerhalb von zwei Jahrzehnten erreichen. Es geht daher eher darum, Kohlenstoff im Weideland zu halten, als zusätzlichen Kohlenstoff in den Boden zu bringen.

Das größte Problem bei der Haltung von Wiederkäuern ist Methan. Das Gas entsteht, wenn Biomasse ohne Sauerstoff zerfällt. In sogenanntem Erdgas feuert es unsere Heizungen an. In der Atmosphäre ist es nach Kohlenstoffdioxid das wichtigste Treibhausgas, trägt gut ein Drittel zur menschengemachten Erderwärmung bei. Es ist bis zu 80-mal potenter als Kohlenstoffdioxid, hat aber eine deutlich kürzere Halbwertszeit: Nach rund zehn Jahren ist es vor allem zu Wasser und Kohlenstoffdioxid oxidiert. Die Reduktion von Methanemissionen hat daher kurzfristig enormes Potenzial, die Erderwärmung zu begrenzen. Aber gerade passiert das Gegenteil: Es wird so viel Methan emittiert wie nie zuvor. Die größten anthropogenen Quellen sind unter anderem Reisanbau, Müllhalden und die Förderung fossiler Energieträger. Doch ganz vorne stehen Wiederkäuer. In Weidehaltung ist deren Methanausstoß sogar höher als in Stallhaltung.

Savory behauptet nicht nur, dass man mit seiner Methode den Klimawandel umkehren, sondern auch, dass man dadurch das Artensterben stoppen könne. »Starke Beweidung ist absolut essenziell, um Biodiversität zu bewahren«, sagt er. Ich habe mir Weiden, auf denen Holistic Grazing betrieben wurde, in Deutschland, Ungarn und eben in den französischen Alpen angeschaut. Dabei war ich immer wieder erstaunt, wie artenreich sie waren, voller Spinnen, Käfer, Vögel. Kein Vergleich mit den kurz gefressenen Kuhweiden, denen man vor allem im Süden Deutschlands begegnet, schon gar kein Vergleich mit regelmäßig gepflügten Äckern, die eine ökologische Wüste sind. Die Biodiversität kann man mit Wiederkäuern auf bestimmten Flächen unter bestimmten Bedingungen sicherlich nach oben treiben, aber es kommt auf den Kontext an.

Ich erinnere mich an eine Recherche über Holzdiebstahl in Rumänien, die ich 2020 für das Magazin *GEO* gemacht habe. In Rumänien gibt es, was wir im Rest Europas lange verloren haben: einen großen, zusammenhängenden, teils ursprünglichen Wald. Wie ein auf der Seite liegendes Hufeisen ziehen sich die Karpaten vom Nordwesten über den Osten bis zum Südwesten durch das Land. Rumänien hat sowohl die größten Populationen von Bären als auch von Wölfen. Die Biodiversität der rumänischen Wälder ist allerdings durch legalen und illegalen Kahlschlag bedroht. Aber es gibt Bereiche, in denen sich die Wälder ausdehnen: auf ehemaligen Almen, von denen sich Schäfer zurückgezogen haben. In Irland hingegen sind die weiten, baumlosen Landschaften das Resultat von Rodung und Überweidung.

Aber auch hier muss ich wieder einschränken. Werden Pflanzenfresser aus Ökosystemen verbannt, sinkt die Artenvielfalt. Überlässt man

Landwirt Andrew Szunyogh auf seinem regenerativen Rinderbetrieb in Ungarn

Wald sich selbst, setzen sich Klimaxgesellschaften durch – ein stabiler Endzustand in der Abfolge der Arten. In unseren Breiten sind das vor allem Rotbuchen-, manchmal Eichenwälder. Rotbuchenwälder galten lange als artenarm, das sind sie zwar nicht, aber besondere Horte der ökologischen Diversität sind sie ebenfalls nicht. Störungen schaffen Raum für neues, diverses Leben: Stürme, Feuer, Tiere – alles in Maßen. Zu den artenreichsten Gebieten in Deutschland gehören neben Naturschutzgebieten Truppenübungsplätze. Die Wiederansiedlung des Wolfs in Deutschland nahm ihren Ausgang auf einem Truppenübungsplatz in der sächsischen Oberlausitz. Dort wurden die ersten Wolfswelpen nach der zeitweiligen Ausrottung des Wolfs im 20. Jahrhundert geboren.

Bei der Bewertung von landwirtschaftlichen Praktiken muss man sich immer das Gesamtsystem und den Kontext anschauen. Savorys Kritiker werfen ihm vor, dass er diese ganzheitliche Sichtweise ausgerechnet im ganzheitlichen Management außer Acht lässt. »Die weltweiten Weidegebiete sind ökologisch vielfältig«, schreibt mir David D. Briske per Mail. »Warum sollte man also erwarten, dass ein einziges Weidesystem all diesen Bedingungen gerecht werden kann? Es vermittelt die Idee eines Allheilmittels, obwohl der Prozess komplex ist.« Das bedeutet nicht, dass Savorys Idee an sich schlecht wäre, aber wir dürfen keine zu großen Erwartungen an singuläre Lösungen stellen. »Die falschen Hoffnungen, die er mit seinen Versprechungen weckt, [...] sind besonders beunruhigend«, schreibt Briske.

Ein eindimensionaler Blick kann auch bei Studien, seien sie noch so gut, in die Irre führen. In Modellrechnungen können oft nicht alle entscheidenden Zahlen berücksichtigt werden. Die Studien über Kohlenstoffdioxid-Sequestrierung, die ich angeführt habe, lassen meist eines außer Acht: die Reduzierung von Inputs, die man durch Integration von Viehhaltung in Ackerwirtschaft erzielen kann. Die Herstellung von künstlichem Dünger aus Erdgas setzt hingegen zwingend die Treibhausgase Kohlenstoffdioxid und Lachgas frei. Daher kann ich mich nur auf meine Intuition verlassen, auf mein Verständnis natürlicher Abläufe, auf die vielen Gespräche, die ich mit Landwirten und Landwirtinnen geführt habe. Ich glaube, dass eine Reintegration von Viehhaltung und Ackerbau, kluges Weidemanagement und gleichzeitige Reduktion von künstlichem Dünger der nachhaltigste Weg ist, Landwirtschaft zu betreiben. Im Magazin der *Süddeutschen Zeitung* lese ich über einen Landwirt in Baden-Württemberg, der genau das macht – mit erstaunlichen Ergebnissen.

VIEH IV
GLÜCKLICHE KÜHE IM SCHWARZWALD

Wintergrauer Himmel liegt über dem Land. Christoph Trütken, Mitte 50, Wollmütze, an der Stroh hängt, führt mich über seine Weiden. Vier Kühe stehen dort noch. Heute ziehen sie zum Rest der Herde in den Stall zurück. Wir sind in Bad Dürrheim am Rande des Schwarzwaldes. Trütken ist Zugezogener, er kommt aus dem flachen Niedersachsen, wo die größten Schweine- und Hühnerställe Deutschlands stehen, riesige Industrieanlagen, in denen Zehntausende Tiere gemästet werden. Die weite Landschaft wird von Futtermaisfeldern dominiert. Seine Eltern verkauften Dünger und Futter an diese Betriebe. Aber Trütken war von dieser Massentierhaltung abgeschreckt und wollte es anders machen.

Er studierte Landbau, machte ein Praktikum auf einem Biobetrieb, schloss 1992 sein Studium ab. Ein Jahr zuvor hatte die Europäische Gemeinschaft zum ersten Mal ein Regelwerk für den Biolandbau verabschiedet. Trütken arbeitete zunächst für eine Firma, die Zertifikate dafür ausstellte. Er fuhr mit seinem Rennrad von Betrieb zu Betrieb und kontrollierte, dass sie keinen Kunstdünger einsetzten und Schweine und Kühe genug Platz im Stall hatten.

Ende der 90er erfuhr er auf einer Dienstreise von einem Betrieb im Allgäu, der einen Nachfolger suchte. Zusammen mit einem Freund kaufte er ihn. Der Sohn von Dünger- und Futtermittelhändlern aus dem flachen Niedersachsen zog ins Alpenvorland, um ohne Kunstdünger und

Futtermittel Rinder zu züchten. Er stellte den Hof nach und nach um. Seine 40 Kühe durften permanent auf die Weide und bekamen kein Kraftfutter mehr.

Trütken bildete sich weiter, besuchte Vorträge und Seminare. Lernte dabei die Agraringenieurin und Bioberaterin Birgit Strohmeier kennen. Ihr Vater wollte seinen Hof zu der Zeit auf Bio umstellen. Trütken sollte helfen. Strohmeier holte ihn von einem Triathlon-Wettbewerb ab und fuhr mit ihm auf den elterlichen Antoni-Hof in Bad Dürrheim – Trütken blieb. Die beiden verliebten sich und heirateten. Heute betreiben sie den Antoni-Hof zusammen: 25 Hektar Ackerland, 65 Hektar Grünland, 40 Kühe, 80 Kälber, 320 Hühner und ein kleiner Bioladen. Er kümmert sich um die Rinder; sie um Hühner, Kartoffeln, Garten und Vermarktung.

Die Rinder hier – Braunvieh und Fleckvieh und eine Kreuzung aus beiden – haben ein gutes Leben. Sie grasen meist auf den Weiden und haben im Stall so viel Platz, dass Trütken ihnen nicht wie üblich die Hörner abschneiden muss. Die Kälber bleiben neun Monate bei den Mutterkühen. An der Seite vom Stall ist eine Drehbürste angebracht, unter der sie sich massieren lassen können. Rein moralisch könnte ich damit leben, Fleisch von Trütkens Hof zu essen. Bleibt das ökologische Problem.

Kühe haben als Wiederkäuer einen Vorteil gegenüber Schweinen und Hühnern: Sie fressen Gräser und andere Pflanzen, die der Mensch nicht verdauen kann. Bei Trütken bekommen sie tatsächlich nichts anderes: frische Gräser auf der Weide und Heu, wenn die Weiden so nass sind, dass die Kühe sie in Schlamm verwandeln würden – daher bleiben die Tiere in den feuchten Monaten im Stall. Konventionelle Betriebe sind stärker auf Milchproduktion ausgerichtet. Männliche Kälber sind meist ein Nebenprodukt der Milcherzeugung. Und Milchkühe und Mastbullen fressen zu rund einem Drittel Kraftfutter wie Maissilage oder eiweißreiches Soja.

Stallhaltung und Zusatzfutter kosten weniger, die Kühe wachsen schneller und haben geringeren Platzbedarf, aber es funktioniert nur mit billiger, fossiler Energie. Doch Trütken will mehr als naturnahes, emissionsarmes Futter. Er will aus dem vermeintlichen Klimakiller Kuh einen Klimaretter machen. Trütken führt mich auf eine Anhöhe. Auf den ersten Blick sieht die Weide hier aus wie viele andere. Saftig grün durch den feuchten und milden Herbst. Aber das hier soll der größte Erfolg seiner bisherigen Arbeit mit den Tieren sein. Was Trütken macht, ist die Umsetzung des ganzheitlichen Weidemanagements in einem kommerziellen Biobetrieb. In den vergangenen Monaten habe ich Rinderhirten in Ungarn und Brandenburg besucht, die damit experimentieren. Aber Zahlen, die zeigen, dass es funktioniert, konnten sie mir nicht liefern. Deshalb bin ich zu Trütken gekommen. Auch er setzt auf dieses Konzept – und er lässt es genau überwachen, um damit nicht nur Gutes für das Klima zu tun, sondern auch Geld zu verdienen.

Trütken hat sich mit dem Start-up-Unternehmen CarboCert zusammengetan, das CO_2-Kompensationen verkauft. Vor drei Jahren kam ein Mitarbeiter von CarboCert, der den Kohlenstoff in Trütkens Boden gemessen hat. Im Oberboden seiner 50 Hektar Weiden steckten damals knapp 5000 Tonnen. Kohlenstoffdioxid wiegt an die viermal so viel wie Kohlenstoff. 5000 Tonnen Kohlenstoff im Boden entspricht 17 000 Tonnen Kohlenstoffdioxid, die nicht in der Atmosphäre sind. Mit ganzheitlichem Weidemanagement sollten Trütkens Kühe möglichst viel zusätzlichen Kohlenstoff in den Boden bringen. Dafür hat er seine Weiden in etwa ein Hektar große Abschnitte geteilt und treibt die Kühe täglich von einer zur nächsten. Ziel ist, dass das Gras möglichst viel Zeit zur Photosynthese hat, also möglichst viel Kohlenstoffdioxid in Sauerstoff und Kohlenstoffverbindungen aufspaltet.

Im Frühjahr kam der Mitarbeiter von CarboCert zurück zu Trütken, rammte Sonden in den Boden, schickte die Proben zur Analyse ins Labor. Trütken hatte gehofft, dass er mit seinem Weidemanagement 300 Tonnen Kohlenstoffdioxid aus der Luft binden kann und dafür 9000 Euro ausgezahlt bekommt. Aber es kam anders. In drei Jahren hatte er es laut der Messung durch CarboCert geschafft, 1650 Tonnen zu-

Christoph Trütken auf dem Antoni-Hof

sätzlich zu binden. Der Zertifikate-Händler zahlte ihm fast 50 000 Euro aus. Damit sollte man auch Viehhirten überzeugen können.

Der Wind auf der Anhöhe ist schneidend kalt. »Hier ist die Wunderweide?«, frage ich Trütken. »Na ja, ob das 'ne Wunderweide ist, weiß ich nicht, aber hier haben wir drei Prozent Humus aufgebaut.« Es ist mehr als auf allen anderen seiner Weiden. Drei Prozent in drei Jahren. Das ist erstaunlich. Die geltende Lehre sagt, dass man dafür 30 Jahre braucht. Die 4-Promille-Initiative der französischen Regierung galt als ambitioniert. Trütken hat es übertroffen. Zumindest auf den ersten Blick.

Später spreche ich mit Christopher Poeplau vom Thünen-Institut für Agrarklimaschutz. Er hat sich über Jahre mit der 4-Promille-Initiative beschäftigt, geschaut, ob es nicht nur theoretisch, sondern auch praktisch erreichbar ist. Und er dämpft meine Begeisterung angesichts der erstaunlichen Zahlen. Zunächst besteht die Gefahr, dass der gebundene Kohlenstoff wieder als Kohlenstoffdioxid entweicht, vor allem, wenn er in den oberen Bodenschichten ist. Aber es gibt ein grundsätzliches Problem: Der Aufbau des Bodenkohlenstoffes beginnt immer mit Photosynthese. Sie definiert das obere Limit. Es gibt keine signifikanten anderen Prozesse, die zu einem globalen Netto-Bodenkohlenstoffaufbau beitragen. Man kann diesen Prozess durch kluges Weidemanagement anschieben, aber nicht umgehen.

Eine Studie schätzt, dass das oberste Limit, das Agrarböden global pro Jahr netto aufnehmen können, 140 000 000 Tonnen sind – andere Studien kommen auf das Zehnfache. Die 4-Promille-Initiative geht sehr ambitioniert vom Dreißigfachen aus. Rechnet man das auf den geschätzten globalen Bodenkohlenstoffvorrat um, kommt man auf eine Nettozunahme von 0,0009 bis 0,02 Promille. Das heißt nicht, dass es auf einzelnen Böden und in gewissen Bodenschichten nicht deutlich mehr sein können. Und das heißt auch nicht, dass es nicht signifikant wäre. In unseren Böden ist viermal so viel Kohlenstoff gespeichert, wie Kohlenstoffdioxid in der Atmosphäre ist. »Kleine Veränderungen in den Kohlenstoffvorräten des Bodens können deshalb großen Einfluss auf die atmosphärischen Kohlendioxidkonzentrationen haben und damit klimawirksam sein«, schreiben Poeplau und seine Kollegen und Kolleginnen.

Wenn Unternehmen wie CarboCert nun bei einzelnen Betrieben Messungen des Bodenkohlenstoffanstiegs machen, die selbst die optimistischen Werte der 4-Promille-Initiative übertreffen, ist die Frage, wie sie erreicht und gemessen werden. Wenn man Kompost ausbringt, ist es relativ einfach, Bodenkohlenstoff aufzubauen. Aber wenn dieser Kompost eingekauft wird, als Input in das System kommt, fehlt er an anderer Stelle, am Ort seiner Herkunft. Trütken kauft zwar keinen Kompost ein, aber er produziert sein eigenes Heu, das er im Winter an seine Rinder verfüttert. Der kompostierte Stallmist kommt dann auf die Weiden, wo der Bodenkohlenstoff steigt und von CarboCert gemessen wird. Die hohen Werte können also teils auf einer Verschiebung innerhalb des Systems beruhen. »Ist das wirklich Klimaschutz, oder ist das eine Umverteilung?«, fragt Poeplau. Ich habe CarboCert per E-Mail gefragt, wie sie ausschließen, dass der gemessene Bodenkohlenstoff nicht an anderer Stelle fehlt, aber keine Antwort erhalten.

Ich will damit nicht die Arbeit von Trütken in Frage stellen. Sofern man Weiden und Wiesen mit Blick auf die Maximierung von Photosynthese managt, man Zwischenfrüchte nutzt und Gräser lange stehen lässt, sodass ihre Wurzeln in die Tiefe dringen können, und man einen diversen Bewuchs hat, ist das möglich. Das größte Potenzial liegt darin, Ackerböden in Grünland umzuwandeln. Aber all das passiert langsam. »Humus aufzubauen, ist eine Generationenaufgabe, das ist nicht von heute auf morgen gemacht«, sagt Poeplau. Er zweifelt auch nicht an, dass Weidemanagement an sich sinnvoll ist. »Das größte Problem ist der Nachweis. Kohlenstoff im Boden reagiert träge, und ohne große Einträge von außen dauert es mindestens eine Dekade, bis man wirklich etwas sieht. Vorher ist die Variabilität auf dem Feld um ein Vielfaches größer als der Effekt des Weidemanagements oder anderer Maßnahmen.«

Ich frage Poeplau, wie er einen nachhaltigen Betrieb gestalten würde. »Wahrscheinlich hätte dieser einige Elemente, die in der Vergangenheit üblich waren: eine Mischung aus Tierhaltung und Ackerbau«, sagt er. »Meine Farm hätte beides in einer Weise, dass es sowohl den Tieren als auch Boden und Pflanzen an nichts fehlt. Auf Mineraldünger würde ich nicht verzichten, dafür wären da relativ wenig Kühe, vielleicht sogar Pferde. Pferde sollen die besseren Kühe sein.« In meiner Heimatstadt Solingen war Pferdefleisch in meiner Kindheit weit verbreitet. Ich erinnere mich an eine Party, auf der ich unwissend in eine Pferdeknackwurst gebissen und sie angesichts des penetranten Geschmacks weggeschmissen habe. Vermutlich war es ein alter Ackergaul und kein zartes Fohlen. Und weil Ersteres zäh ist und Letzteres kulturell unmöglich scheint, sehe ich in Pferdefleisch keine große Zukunft.

Die Kuh ist trotz der Schwierigkeit der Messung des Bodenkohlenstoffes nicht unbedingt das Problem. Es gibt momentan wenig andere Möglichkeiten, Fruchtbarkeit aufrechtzuhalten, als mit Mist und Gülle oder mit künstlichem Dünger. Das Problem aber sind Haltung, Fütterung und dass wir viel zu viele der Tiere essen, weil Fleisch im Supermarkt zu billig geworden ist. Kosten werden externalisiert und durch Subventionen verschleiert und der Gesellschaft und Natur aufgebürdet. Eine Studie der Universität Augsburg hat versucht, den wahren Preis von Fleisch zu errechnen. Zu den externen Kosten gehören etwa Treibhausgase oder die Verunreinigung von Flüssen und Seen. Wenn das eingepreist werden würde, müsste konventionelles Fleisch dreimal so teuer sein wie bisher. 100 Gramm Schweinekotelett für 2,10 Euro statt für 70 Cent. Unser Konsum würde sich anpassen, nachhaltigere Zucht belohnt werden.

Normalerweise kommt an dieser Stelle ein Einwand zu Nahrungsmittel-Gerechtigkeit: Dann kann sich die alleinerziehende Mutter aber kein Fleisch mehr für ihre Kinder erlauben! Es ist ein Argument von Menschen, die Tierwohl und Erhaltung unserer Lebensgrundlagen gegen soziale Gerechtigkeit ausspielen – wobei die Ungerechtigkeit nicht an der Supermarktkasse entsteht. Wenn bei Aldi Gemüseburger knapp 13 Euro das Kilo kosten, Rinderburger aus Stallhaltung dagegen gerade mal zehn Euro, läuft etwas falsch. Die Politik hält dieses schädliche System künstlich am Leben: Am offensichtlichsten ist das bei der Mehrwertsteuer. So fallen auf Kuhmilch sieben Prozent an, auf Hafermilch 19 Prozent; auf den Rinderburger sieben Prozent, auf den Veggieburger 19 Prozent. Aber die systematische Schieflage geht noch tiefer.

Subventionen für die Landwirtschaft kommen in Deutschland vor allem aus EU-Mitteln und werden pro Hektar berechnet. Dabei wird nicht zwischen Ackerbau und Viehhaltung unterschieden. Rechnet man die Subventionen auf Flächen um, die für Futterproduktion und Weidehaltung genutzt werden, kommt man auf knapp drei Milliarden Euro. Dazu kommen Subventionen durch das Bundesministerium für Ernährung und Landwirtschaft für den Bau von Ställen oder Gülletechnik in Höhe von gut einer halben Milliarde Euro.

Trütkens Hof ist eine Ausnahme in einem kaputten System. Nur 31 Prozent der Rinder in Deutschland hatten 2019 Zugang zu einer Weide, Tendenz rückläufig: Zehn Jahre zuvor waren es noch 37 Prozent. Im Bundesland, das die meisten Rinder hält und das wohl am meisten mit dem romantischen Bild von Kühen auf der Alm assoziiert wird, sieht es besonders schlecht aus: In Bayern hat nicht einmal ein Fünftel aller Rinder Zugang zu einer Weide. In Süddeutschland werden Kühe zudem oft im Stall mit Ketten angebunden, können sich nur hinlegen und aufstehen. Zehn Prozent der Kühe in Deutschland müssen das erleiden, etwa die Hälfte dieser zehn Prozent kommt im Sommer auf die Weide, die andere Hälfte verbringt beinahe ihr gesamtes Leben in Ketten. Immerhin geht diese Haltungsform deutlich zurück und soll ganz verboten werden.

Trütken produziert etwa 100 Kilogramm Rindfleisch und 2000 Liter Milch pro Hektar. In Deutschland gibt es 4 733 400 Hektar Dauergrünland – also landwirtschaftliche Flächen, die nicht für den Ackerbau, sondern etwa für Weidehaltung, Heu- und Einstreuproduktion genutzt werden. Würde man all diese Flächen für Fleisch- und Milchproduktion nach Trütkens Vorbild nutzen, könnten wir in Deutschland 5,6 Kilo Rindfleisch und 113 Liter Milch pro Jahr und Person konsumieren. Würden wir wie Trütken noch auf einem Drittel unserer Ackerflächen Kleegras anbauen, das Bodenfruchtbarkeit erhält und Futterfläche für Wiederkäuer bietet, kämen etwa 3,9 Millionen Hektar hinzu. Damit käme man in Deutschland auf 10,4 Kilo Rindfleisch pro Kopf. Auf Dauergrünland weiden zwar auch Schafe, Ziegen und Pferde, aber den gegenwärtigen Durchschnittskonsum von 8,7 Kilo könnte man damit decken. Aber natürlich ist die Rechnung komplizierter.

Unser Fleischkonsum speist sich vor allem aus Schwein und Geflügel. Und bei diesen Tieren gibt es ein grundsätzliches Problem: Sie können, wie schon gesagt, nur mit Futter gemästet werden, das wir auch direkt verzehren könnten – Soja zum Beispiel. Doch in Tofu und Sojamilch gehen weniger als 20 Prozent der globalen Sojaproduktion. Und die gesamten 14 Millionen Tonnen Soja, welche die EU jedes Jahr importiert, werden über Tiermägen in Fleisch und Milch konvertiert. 54 Prozent des in Deutschland angebauten Getreides werden an Tiere verfüttert – obwohl es oft hochwertig ist und auch von uns Menschen direkt verzehrt werden könnte. Global geht der allergrößte Teil der Sojaproduktion nicht in Kuhmägen: 37 Prozent werden für Geflügelfütterung verwendet, 20 Prozent für Schweinemast. In Kühen enden weniger als zwei Prozent.

Für die Schweiz hat ein Team der Zürcher Hochschule für Angewandte Wissenschaften im Auftrag von Greenpeace ausgerechnet, wie viel Fleisch- und Milchproduktion pro Kopf ökologisch und tierwohlgerecht möglich wäre: 14 statt bisher 42 Kilo Fleisch und etwa 281 statt 425 Liter Milch. Dabei gehen die Autorinnen der Studie davon aus, dass keine Ackerfrüchte an Tiere verfüttert werden. Das hieße, Rinder müssten wie bei Trütken auf der Weide gehalten und im Winter nur mit Heu gefüttert werden. Schweine und Geflügel müssten aus Nebenprodukten anderer landwirtschaftlicher Produktion gefüttert werden – etwa mit Molke oder aussortierten Kartoffeln. Das würde zu einer massiven Verschiebung in der Fleischproduktion führen: 95 Prozent weniger Geflügel, 94 Prozent weniger Schweine, aber etwa gleichbleibend viel Rind.

Die Deutschen essen im Schnitt 52 Kilo Fleisch pro Jahr – weitere 20 Kilo gehen im Produktionsprozess verloren. Hiesige Landwirte und Landwirtinnen produzieren knapp 400 Liter Milch pro Person. Die Schweiz hat durch ihre eindrucksvolle, alpine Geografie einen großen Nachteil im Vergleich zum Rest Europas: Sie verfügt pro Kopf nur über ein Viertel der landwirtschaftlich nutzbaren Flächen. Daher ist ein direkter Vergleich mit Deutschland schwierig. Aber die Größenordnung dürfte in etwa stimmen. Nachhaltig lässt sich pro Person nur ein Drittel des derzeit konsumierten Fleisches produzieren. Vor allem Geflügel und Schwein müssten massiv reduziert und Rind komplett auf Weidehaltung umgestellt werden.

Als fast ausschließlich vegetarisch lebender Mensch bekomme ich oft erzählt, dass mein Gegenüber nur Biofleisch esse, nur zum Metzger des Vertrauens gehe, dass Herkunft und Haltung wichtig seien. Inzwischen ist auf vielen Fleischverpackungen ein Tierwohl-Label gedruckt, etwa das der Initiative Tierwohl. Mit viel gutem Willen würde ich das als irreführend bezeichnen. Im Vergleich zum gesetzlichen Mindeststandard von 0,75 Quadratmater Stall pro Schwein garantiert es 0,825 Quadratmeter – gut ein DIN-A4-Blatt mehr. Das Landwirtschaftsministerium arbeitet daran, eine Kennzeichnung verpflichtend zu machen: Standard-Stall, Stall mit mehr Platz, Stall mit Frischluft, Auslauf und Weide sowie Biohaltung.

Aber ethischer und umweltverträglicher Fleischkonsum ist in der Menge, wie wir ihn momentan praktizieren, schlicht unmöglich. Ein Tierwohl-Label ist Makulatur, Zeichen politischen Unwillens, wirkliche Veränderungen anzustoßen. Die Verantwortung wird so auf die Konsumenten abgewälzt. Doch solange der Durchschnittskonsum nicht sinkt, kann man als bewusst lebender Konsument so viel lokales Biofleisch aus Weidehaltung kaufen, wie man will, die Produktion muss an anderer Stelle durch Stallhaltung, Zufütterung, Ausreizen des gesetzlichen Rahmens und Importe ausgeglichen werden – zulasten von Tieren und Umwelt.

Immerhin gibt es Anzeichen, dass ein Umdenken stattfindet: Die Deutschen essen immer weniger Fleisch und konsumieren immer weniger Milch und Milchprodukte: 2012 waren es noch 61 Kilo, 2022 nur noch 52 Kilo Fleisch. Tönnies, größter Schweineschlachter Deutschlands, verzeichnet seit einem Rekordumsatz von 7,3 Milliarden Euro im Jahr 2019 Umsatzrückgänge – bis 2021 um 1,1 Milliarden Euro. Von 2021 auf 2022 ist die Zahl der geschlachteten Schweine gar um 9,2 Prozent im Vergleich zum Vorjahr zurückgegangen – 4,8 Millionen Individuen wie Omelet oder Hamlet wurden weniger geschlachtet. Bei Milch ist der Rückgang besonders krass: Wir trinken nur noch die Hälfte der Frischmilchmenge wie vor 50 Jahren. Allein von 2020 auf 2021 ist der Konsum um fast fünf Prozent auf 48 Liter zurückgegangen.

Dieser Rückgang ist dringend nötig, scheint aber der deutschen Fleischindustrie große Sorgen zu bereiten. In den Tagen, als ich dieses Kapitel schreibe, steht NRW-Agrarministerin Silke Gorißen, Mitglied der CDU, unter Kritik aus den eigenen Reihen. Sie hat im Rahmen eines vegetarischen Monats an meiner Alma Mater – der Universität Bonn – vegetarische Cannelloni gegessen. In parteiinternen Chatgruppen und aus den Reihen von Landwirten und Landwirtinnen wurde die Kritik so laut, dass Gorißen sich gezwungen sah, sich zum Fleischkonsum zu bekennen. Sie habe bei dem Cannelloni-Essen klargemacht, »dass ich selbst zu den Menschen gehöre, die regelmäßig Fleisch essen«.

Am Abend kommt Trütkens Frau Birgit mit einer Lieferung ihres Fleisches vom Metzger. Trütken hilft ihr beim Ausladen. Sie verkaufen es direkt in ihrem Hofladen. Ich gehe durch die roten Plastikboxen, suche mir einen Rinderbraten aus, dunkelrosa und mager, wundere mich, dass er nur 20 Euro das Kilo kostet – der Zwischenhändler fehlt. Dann nehme ich noch zwei Kilo Knochen für Brühe mit. Die gibt es geschenkt. Wenn es schon Fleisch gibt, dann will ich auch die Teile, die sonst verschmäht werden. Der Braten wird mein erstes Fleisch aus Viehhaltung, das ich in den vergangenen 24 Jahren gegessen habe. Er schmeckt wunderbar.

WINTER

STASIS
WAHLEN IN UNSEREM TAL

In Sant Aniol de Finestres bekomme ich dieser Tage kein Wildschwein mehr. Es ist wohl nicht – oder nicht nur – der Bürgermeister, bei dem ich in Ungnade gefallen bin, der meinen Nachschub hat versiegen lassen. Es sind auch Trichinen, klagt der Dorfgärtner, der seine Zeit neben der Jagd vor allem damit verbringt, den Bewuchs an den Böschungen millimeterkurz zu halten. Trichinen sind Fadenwürmer, die unter anderem Wildschweine befallen. Über den Verzehr befallenen Fleisches kann sich auch der Mensch anstecken und erkranken. Wird in der Beute der Jäger ein befallenes Tier gefunden, wird das entsorgt – und alle anderen geschossenen Schweine zur Sicherheit mit. Jagd mag zwar ethisch vertretbarer sein als Tierhaltung, aber für unsere Nahrungsmittelversorgung kann sie nie eine große Rolle einnehmen. Es gibt nicht nur zu wenig Wild, sondern das Wild, das wir haben, lässt sich kaum in globalisierte Handelsketten einbetten, zu wenig stabil ist das Angebot.

Die Vorbereitungen für den Bau der Schinkenfabrik unten im Tal gehen voran. Es gibt eine kleine, progressive Partei im Dorf, die um Sitze im Gemeinderat kämpft. Ich weiß, dass viele von ihnen große Bauchschmerzen wegen des Baus der Fabrik haben. Aber im kommenden Wahlkampf thematisieren sie nur Nebenaspekte, etwa die Gefahr durch LKW, die beide Spuren einnehmen, wenn sie durch die Kurven der Landstraße im Tal fahren.

Blick über das Vall de Llémena

Während der Bach im Tal austrocknet, plant das Mineralwasserunternehmen oben im Tal, sein Geschäft auszuweiten. Edles Wasser geht in Glasflaschen nach Japan und auf die Arabische Halbinsel. Es soll wegen der Filterung durch vulkanisches Gestein besonders klar und mineralhaltig sein. Aus dem Hahn bei uns kommt gechlortes Wasser, das ich kaum trinken mag. Schon in den 90ern hat eine lokale Umweltschutzorganisation gegen das Unternehmen demonstriert. Erfolglos. Selbst die Oppositionspartei stellt nur die Mengen, die abgepumpt werden, in Frage – nicht das gesamte Unternehmen.

Vor den Wahlen lädt der Bürgermeister die Rentner und Rentnerinnen zum Mittagessen ein – auf Kosten der Gemeinde. Auch das Paar, das bei uns auf Sota la Quinta wohnt, geht dorthin. Ein sehr netter Mann sei er, der Bürgermeister, sagen sie mir. Bei den Wahlen wird er zwar deutlich Stimmen verlieren, aber sein Vorsprung ist weiterhin so groß, dass er das Amt behalten wird. Umdenken ist schwer, selbst bei kleinen, offensichtlichen Problemen und vor allem wenn es auf Kosten wirtschaftlicher Interessen geht. Dabei profitieren die meisten Menschen, die für ihn und damit für die wirtschaftlichen Interessen stimmen, nur marginal davon. Der Schinkenbaron hat hingegen oben auf dem Berg noch ein gigantisches Gehöft, auf dem er Tiere rein zur Unterhaltung hält, wie er mir vor Kurzem bei einer Begegnung bei seinen Eseln erzählte.

Mir ist in den vergangenen Monaten immer bewusster geworden, wie zäh Veränderung ist. Bei Heilsversprechen durch einfache, einzelne Maßnahmen gehen meine Alarmglocken los. Alles hängt immer vom Kontext ab, vieles funktioniert zu gewissen Zeiten, auf gewissen Böden, in gewissen Klimazonen, in gewissen Maßen. Diese Erkenntnis lässt sich schwerer verkaufen als CO_2-Zertifikate, denen unrealistisch hohe Werte zugrunde liegen.

Ich überlege, was ich mit dem verbliebenen Acker machen will. Auf jeden Fall kommen dort Bäume hin, die entlang von Keylines gepflanzt werden sollen. Oliven als Hauptfrucht und Italienische Erlen als Stickstofffixierer. Eine letzte Station gibt es noch auf meiner Reise. Dort will ich mir anschauen, wie man auf großer Fläche regenerative Landwirtschaft betreibt. Und mir Inspirationen für die Pflanzplanung holen.

REINTEGRATION
WIE EIN BAUER IN BRANDENBURG LANDWIRTSCHAFT UND NATUR VERSÖHNEN WILL

Ich reise mit dem Zug nach Brandenburg in das Dorf Alt Madlitz. Es liegt zwischen Frankfurt an der Oder und Fürstenwalde und ist ein typisches ostdeutsches Ensemble: Plattenbauten, eine alte Fabrikhalle, in der ein schrulliger Künstler sein Atelier hatte, und das Schlossgut der Finck von Finckensteins. In Alt Madlitz treffe ich Benedikt Bösel, Mitte dreißig, wohl einen der bekanntesten regenerativ arbeitenden Landwirte Deutschlands. All das, was ich über das Jahr recherchiert habe, findet sich bei ihm: Agroforst, Holistic Grazing, reduzierte Bodenbearbeitung.

Bösels Betrieb, den er Gut&Bösel genannt hat, erstreckt sich über gut 3000 Hektar – Brandenburger Ausmaße. Nur im Osten Deutschlands gibt es Betriebe dieser Dimensionen. Es ist das Erbe von Feudalismus und Kommunismus. Ich bin während meiner Recherche immer wieder hier, um zu verstehen, wie man das alles zusammenführen, wie man einen solchen Großbetrieb profitabel und nachhaltig leiten kann – und um nach Ideen für meinen Acker zu suchen.

Nach dem Krieg enteignete die DDR die Finckensteins im Zuge der Bodenreform und machte aus ihrem Gut in Madlitz eine Landwirtschaftliche Produktionsgenossenschaft und aus dem Gutshaus eine Kinderkrippe. An einem kleinen See im Wald bereitete die Staatssicherheit

Spione und Mitglieder der Roten Armee Fraktion auf das Leben mit neuer Identität vor. Nach der Wende kaufte Bösels Stiefgroßvater, der Bankier Karl Wilhelm Graf Finck von Finckenstein, das Gut und seine Ländereien zurück und investierte sein Vermögen in das Dorf. Er sanierte die Kirche, finanzierte die Dorfbeleuchtung und baute ein Gemeindezentrum. Finck von Finckenstein puzzelte den Betrieb zusammen und einigte sich mit seinem Stiefsohn, Bösels Vater, darauf, dass dieser den kompletten Betrieb aufkaufte.

Bösel senior, ebenfalls Banker, managte den Betrieb zunächst aus der Ferne. Sie bauten konventionell Roggen, Triticale, Dinkel und Weizen an – und machten Jahr für Jahr Verluste. Und genauso zuverlässig wie die roten Zahlen waren die hohen Rechnungen für Berater, Düngemittel und Pestizide. 2004 zogen Bösel senior und seine Frau nach Madlitz, sie kündigten Verträge für Düngemittel und Pestizide und begannen mit der Umstellung auf Bio – weil es finanziell mehr Sinn machte.

Bösel junior trägt auf seinem Betrieb stets Chinohose, Hemd, Chelsea Boots und zurückgedrehte Basecap, unter der er die streng nach hinten gegelten Haare versteckt. Er scherzt gerne, dass seine Frisur ein Andenken an sein früheres Leben als Investmentbanker sei. Als sein Vater den Betrieb übernahm, arbeitete Benedikt Bösel in einer Privatbank, wollte »so viel Geld wie möglich machen«, wie er in seinem Buch *Rebellen der Erde* schreibt, um später die Freiheit zu haben, zu tun, worauf er Lust hat. In Madlitz, zwischen Schlosspark und Äckern, hatte er seine Kindheit verbracht. Als die Eltern bei einem späteren Familienurlaub dort die Frage stellten, wer der drei Geschwister den Familienbetrieb übernehmen wolle, sagte Benedikt Bösel, dass er der Einzige sei, der es sich leisten könne. Doch dann stutzte ihm die Finanzkrise 2008 die Flügel. Die Privatbank, bei der er arbeitete, ging bankrott und wurde zerschlagen. In seinem Job ging es nur noch darum, Menschen zu entlassen. Er orientierte sich um. Mit Mitte 20 zog er nach Berlin, wo er Agrarökonomik studierte, um so die Finanzbranche und den Familienbetrieb in Alt Madlitz vereinen zu können. Er schrieb an

Risikokapitalgeber, um sie davon zu überzeugen, in Agrartechnologie-Start-ups zu investieren. Er bekam zwar Termine und ein erstes Angebot, aber scheiterte am Ende doch.

Der nächste Wendepunkt auf Bösels Weg vom Banker zum Bauern scheint wie ein Klischee: Er ging den Jakobsweg. An einem regnerischen Tag legte er einen Eichenzweig aus Madlitz am Fuße eines Monumentes nieder, wie es dort Tradition ist. Da habe sich, wie er schreibt, der Himmel geöffnet, und die Sonne warf einen Strahl auf die Landschaft. In dem Moment wurde ihm klar, dass er nach Madlitz gehen musste. 2016 übernahm er den Betrieb. »Ich stand mit 3000 Hektar Sand da und wusste nicht, was ich machen sollte«, erinnert er sich. Das Klima änderte sich, und er musste radikal neue Wege beschreiten.

Im Mai 2018 telefonierte er mit einem großen Landmaschinenhersteller. Zusammen wollten sie eine digitale Farm aufbauen, Drohnen, Sonden, Roboter einsetzen, zeigen, was möglich ist. Nach dem Telefonat ging er auf seinen Acker. Es war viel zu heiß für Mai. »Alles war gelb, nichts bewegte sich, kein Leben«, erzählt er. Der Standort hier war immer einer der extremen in Deutschland: kaum Regen, sandige Böden, gerade ein Prozent Humus im Boden. Aber an diesem Tag, in dieser leblosen, trockenen Landschaft schaute er einer ungewissen Zukunft für den Hof entgegen. Er wollte den Betrieb in die Zukunft führen, aber er fragte sich, was die Digitalisierung bringen sollte. Sie hätte Investitionen in einen ganzen Fuhrpark neuer Maschinen bedeutet, alle hätten miteinander und mit den Sonden im Boden kommuniziert. Es hätte enorme Schulden bedeutet und ihn auf Jahrzehnte an dieses System gebunden. Aber an der Grundlage, dem Boden und dem Klima, hätte es nichts geändert. »Was soll der Scheiß? Das kann es nicht sein«, dachte er sich. Er wollte Leben in Land und Boden zurückholen und das Ökosystem in den Mittelpunkt seines Betriebs stellen. Und so begann er wohl eines der größten landwirtschaftlichen Experimente in Deutschland mit dem Ziel, den Boden zu retten, Biodiversität aufzubauen und seinen Betrieb klimaresilienter zu machen. Es begann ein Rennen gegen die zunehmende Trockenheit.

Benedikt Bösel auf seinem Betrieb

Bösel geht um neun schlafen und steht um drei Uhr morgens auf. Bevor seine Mitarbeiter auf dem Betrieb sind, hat er den großen Teil seiner Arbeit schon erledigt. In diesen Zeiten suchte er nach Lösungen, wie man den Hof zukunftsfähig machen konnte, er schrieb E-Mail um E-Mail an Universitäten, Forscher, Vordenker. »Ich habe 1000 Hektar Sand hier und weiß nicht, was ich damit machen soll«, sei der Tenor gewesen. Er bekam kaum Resonanz. Eine Uni habe ihm angeboten, einen Doktoranden vorbeizuschicken, erinnert er sich. Kostenpunkt: 80 000 Euro. Bösel gab nicht auf. Er las über Agroforstwirtschaft, über ganzheitliches Weidemanagement, über das Leben in den Böden und über Landwirte und Landwirtinnen, die aus den schlechtesten Böden erstaunliche Erträge kitzelten. Wenn dieser Hof eine Zukunft haben sollte, musste sie irgendwo in diesen Ansätzen zu finden sein. Aber es war klar, dass es schwieriger werden würde, all die Veränderungen anzustoßen, als nach dem alten Paradigma weiterzuarbeiten, in dem Vieh, Forst und Feld separiert worden sind, um möglichst günstig möglichst viel zu produzieren.

Bösel begann mit der Reintegration. Die Schwierigkeit, andere Landnutzungsarten zu etablieren, ist, dass sie nicht gefördert werden. Und weil sie nicht gefördert werden, werden sie nicht umgesetzt. Bösel wollte diesen Teufelskreis durchbrechen, verkaufte daher seinen Audi aus dem vorherigen Leben, kaufte dafür 20 Rinder und ließ Pappelstreifen in einen Getreideacker pflanzen. Er fand mit Followfood, einem Unternehmen für Biolebensmittel, und Ecover, einem Hersteller nachhaltiger Reinigungsmittel, erste Unterstützer für Projekte, die über EU-Förderschemata hinausgingen.

Inzwischen ist die Zahl der Rinder auf 200 gewachsen, es gibt nicht nur Pappelstreifen in den Feldern, sondern verschiedene komplexe Agroforstsysteme, eine Baumschule, Kompostherstellung und ein Heer von jungen, motivierten Menschen, die Bösel bei seiner Mission unterstützen. Das neue System, so die Idee, ist komplexer, wahrscheinlich weniger effizient, aber dadurch resilienter. »Unterschiedliche Arten der Landnutzung reagieren anders auf klimatische Veränderungen. Und je diverser, desto resilienter ist dein Betrieb«, sagt Bösel. Neben der Resilienz gegenüber klimatischen Extremen will Bösel die Abhängigkeit von Inputs reduzieren, indem sie mit den Rindern und dem Kompost Bodenleben, Humus und somit die Fruchtbarkeit aufbauen.

Als ich ein paar Tage zu Besuch bin, kommt eine Gruppe Studenten und Studentinnen zur Hoftour. Bösel begrüßt sie. Sein Vortrag wechselt zwischen pessimistischer Beschreibung des Status quo und Hoffnungen auf eine bessere Form der Landbewirtschaftung. »Das landwirtschaftliche System ist uns aus der Hand gelaufen«, sagt er. Exploitative Systeme, in denen Böden tote Masse seien und Biodiversität keinen Wert habe, alles aufbauend auf einem Wirtschaftssystem, in dem Energie und Wasser billig seien. Landwirtschaft sei Teil des Problems, könne aber auch eine Lösung sein. »Wir können das nur schaffen, wenn Böden und Ökosystem gesund sind«, erklärt er und stellt die Ansätze vor, die sie hier ausprobieren, sagt, dass man endlich externe Kosten einpreisen müsse. Aus der Gruppe meldet sich ein älterer Herr und fragt, ob das nicht eine enorme Zunahme an Komplexität bedeute. »Wir können uns nicht hinter dem Argument der Komplexität verstecken«, antwortet Bösel und schickt die Gruppe auf den Rundgang über seinen Betrieb, zur Baumschule, den Rindern, der Kompostherstellung und den Agroforstsystemen.

Bösel spricht von multifunktionaler Landwirtschaft, wenn er seinen Betrieb charakterisieren will. Jedes Element hat mehr als eine Funktion. Bei Zwischenfrüchten besteht oft das Problem, dass sie keinen direkten monetären Wert erzeugen. Sie halten den Boden bedeckt, schützen vor Erosion und bauen Fruchtbarkeit auf, werden dann jedoch meist in den Boden eingearbeitet. Auf Gut&Bösel bauen sie im Sommer Getreide an, und die Rinder stehen auf Weiden. Im Winter, wenn das Getreide geerntet und die Zwischenfrüchte gewachsen sind, kommen die Rinder auf diese Zwischenfrüchte, werden also zu Fleisch, das der Betrieb verkaufen kann. Inzwischen haben sie dieses System auf 550 Hektar in den Ackerbau integriert.

Die Rinder werden jeden Morgen und jeden Abend umgetrieben. Ich begleite Bösel an einem Abend dabei. Die Weide ist großflächig eingezäunt, darin sind wiederum Parzellen mit einem dünnen Drahtseil, einer sogenannten Litze, abgeteilt. Bösels Weiden sind voller Insekten.

Bösel inmitten seiner Herde

Die Kuhfladen, vor allem fermentiertes Gras, sind perfekter Nährboden für Dungkäfer. Ein dichter Schwarm Fliegen umschwirrt Bösel. »Seit wir die Rinder hier haben, gibt es kaum noch Zecken«, sagt er. Eine Erklärung dafür hat noch niemand. Der Umtrieb ist erstaunlich einfach. Bösel treibt die Tiere vor den Eingang zur nächsten Parzelle. Dort hebt er die Litze über seinen Kopf, und die Rinder traben auf die frische Parzelle. Ich stehe in der Mitte des Eingangs, um Bilder zu machen, und bin ein wenig in Sorge, dass die 700 Kilo schweren Tiere mich umrennen und niedertrampeln, aber sie machen einen Bogen um mich. Sie sind vor allem am frischen Gras interessiert.

Bösel kniet inmitten seiner Herde, versucht, die Rinder an sich herankommen zu lassen. »Ich liebe diese Tiere so sehr«, sagt er. »Die sind so sensibel, jede hat ihren eigenen Charakter.« Er ärgert sich darüber, dass sie oft als Klimakiller verteufelt werden. »Ich habe so viel Respekt für sie.« Er will messen, wie gut es ihnen geht. Das ist schwer zu beziffern, und über einzelne Aspekte des Gesundheitszustands hinaus gibt es so gut wie keine Studien, die sich das anschauen. Eine Kuh kann nur über ihr Verhalten Auskunft über ihren emotionalen Zustand geben. Bewegt sie sich genug? Die Rinder bekommen Sensoren in ihre Mägen, um zu messen, wie viel sie sich bewegen, wie viel sie ruhen, essen und trinken. Aber am Ende werden sie doch getötet. Bösel macht das selbst. Auf der Weide trennen sie ein Tier aus der Herde, und Bösel setzt ihm einen Schuss zwischen die Augen. Die Tiere sind sofort tot. Der stressige Transport zum Schlachthaus entfällt.

Am Rande der Weide beginnt der Forst. Die Rinder haben eine akkurate Linie in Kopfhöhe gefressen. Wenn die Agroforstsysteme groß genug sind, sollen die Rinder auch dort integriert werden. Blätter und junge Triebe sind ihnen willkommene Abwechslung. Um die Rinder auch in den Forst zu integrieren, braucht man in Deutschland eine Sondergenehmigung. Forst ist Forst und Weide ist Weide. Historisch liegt das Verbot in der Überweidung von Wäldern und den damit verbundenen Schäden begründet. Unsere Vorfahren trieben so viele Tiere in den Wald, dass er zusehends verschwand. Im 19. Jahrhundert begann in Deutschland die Regulierung der Waldweiden, und es folgte – außer in Alpennähe – ihr weitgehendes Verbot. Unsere Vorstellung intakter Natur romantisiert den Wald und vergisst, dass wir ihm Tiere entrissen haben: Wölfe, Bären, große Wiederkäuer. Bis ins Mittelalter zogen Wisente durch europäische Wälder. Die Herden waren klein, zwei Dutzend Tiere. Sie hielten die Wälder licht, Bäume und Wiesen wechselten sich ab. Wir Menschen waren erfolgreich darin, Wisente funktionell auszurotten. Inzwischen gibt es zwar wieder frei lebende Wisente in Deutschland, aber sie stammen alle von Tieren ab, die in Gefangenschaft waren.

Bösels Wälder sind Kiefernmonokulturen, die mittelfristig Klimawandel und Borkenkäfer zum Opfer fallen dürften. Untergehölz gibt es kaum. Die sauren Kiefernnadeln am Boden lassen wenig wachsen. Nur die Spätblühende Traubenkirsche, ein invasiver Neophyt, kommt mit den Bedingungen zurecht. Im Sommer hat Bösel die Rinder in seinen Wald gelassen. Die Rinder genießen den Schatten der Bäume, machen sich über die Traubenkirsche her und bringen Dung in den Boden. Ein Förster aus dem Nachbargebiet bekam es mit – und zeigte es an.

Das Verbot von Vieh im Wald erscheint mir anachronistisch und einer Logik zu entsprechen, die davon ausgeht, dass die Rinder zur Ertragsmaximierung dort stehen. Sollten wir, solange wir Rinder halten, um sie zu töten und zu essen, nicht zumindest versuchen, dass sie die Funktion ihrer wilden Artverwandten übernehmen? Sollten wir ihnen nicht ein möglichst gutes Leben bieten und dafür sorgen, dass sie Abwechslung und Schatten bekommen?

Ein anderes Hindernis, das multifunktionaler Landnutzung im Wege steht, ist die Klassifizierung landwirtschaftlicher Flächen. Dabei wird zwischen Grünland und Ackerland unterschieden. Grünland sind Wiesen, die zur Mahd verwendet werden, Weiden, auf denen Tiere stehen, oder eine Kombination aus beidem. Ackerland ist all das Land, auf dem Kulturpflanzen zur Ernte angebaut werden und das dafür gepflügt werden darf. Grünland ist ökologisch wertvoller als Ackerland, bietet Lebensraum für Insekten, Vögel und andere Tiere. Es speichert in unseren Breiten im Schnitt gut ein Drittel mehr Kohlenstoff als Ackerland; und weil Grünland nicht gestört wird, ist das Gebilde organischer Substanz stabiler. Bricht man es zu Ackerland um, verliert es fünfmal so schnell organische Substanz, wie sie umgekehrt wieder aufgebaut wird.

Auf Gut&Bösel soll die Reintegration nicht nur innerhalb des landwirtschaftlichen Produktionssystems passieren, sondern sie wollen diese auch mit dem größeren Ökosystem verschränken. In den Äckern renaturieren sie Sölle, stille Gewässer, die vor allem im Norden Deutschlands vorkommen. Dafür haben sie tonnenweise Schlamm – erodierten Ackerboden – aus den Söllen gebaggert und wieder auf den Feldern ausgebracht. Damit sie nicht wieder verschlammen, wird um die Sölle ein 20 Meter breiter Streifen belassen, der nicht bearbeitet wird. Die gefährdete Knoblauchkröte, der Froschlurch des Jahres 2007, hat sich dort wieder angesiedelt. Hier in Brandenburg gibt es unzählige solcher artenreicher Kleinbiotope. Das Problem ist, dass diese Ökosysteme durch die riesigen Äcker auseinandergerissen wurden. Bösel hat sich darangemacht, sie wieder zu vernetzen. Sie haben zwischen den Äckern Agroforstsysteme angelegt, um den Tieren geschützte Korridore zu

Renaturierte Sölle im Acker von Gut&Bösel

schaffen. Auch die Knoblauchkröte kann sich so einfacher auf Partnersuche machen.

Neben all den regulatorischen Hürden, die nachhaltiger Landnutzung im Wege stehen, ist am Ende der Gewinn entscheidend, den Landwirte und Landwirtinnen damit erzielen können. Bösel kann die Ökosystemvernetzung teils über EU-Mittel finanzieren. Aber um mehr zu ermöglichen, gründete er 2021 die Finck Stiftung. Über sie finanziert er wissenschaftliche Begleitung und experimentellere Nutzungsarten. Während meiner Zeit auf Gut&Bösel erlebe ich immer wieder, wie er potenzielle Investoren und Investorinnen durch Agroforstsysteme und zu den Viehweiden führt und ihnen etwas über Kompostherstellung erzählt. Genau hier endet die Übertragbarkeit von Bösels Konzepten auf andere Betriebe.

Bösel ist jung, eloquent, einnehmend. Er sagt, dass er nicht mehr der beste Landwirt werden wird. Aber er weiß, wie man Menschen motiviert, wie man ihnen Freiheiten lässt. Sein einziges Hobby sei es, Menschen zu unterhalten. Das nutzt er erfolgreich. Und es sind nicht nur wohlhabende

Geldgeber, sondern auch die vielen idealistischen jungen Menschen, die ihre Arbeitskraft einbringen wollen, die den Betrieb in dieser Form am Leben halten. Ich kann mir nicht vorstellen, wie das bei meinem Nachbarn Quim funktionieren soll, der, nun, etwas eigen ist. Aber Bösel hat das Privileg auszuprobieren, und daher ist die finanzielle Frage zwar wichtig, aber der ökologischen Frage untergeordnet.

Max Küsters, der wissenschaftliche Leiter der Finck Stiftung, ist studierter Wirtschaftswissenschaftler. »Alleine könnten wir das alles nicht schaffen«, sagt er. »Die landwirtschaftlichen Betriebe bei uns haben noch eine Schonfrist, weil wir zwei, drei Jahre Übergangszeit haben, in denen wir von Leuten, die an uns glauben und an das glauben, was wir tun, Unterstützung bekommen.« Bösels Betrieb erzielt durchschnittliche Bio-Erträge. Damit könnten andere Landwirte und Landwirtinnen keinen Puffer aufbauen, um zwei, drei Jahre Verluste auszugleichen. Es braucht systematische Veränderungen. Und das ist vielleicht das Wichtigste, an dem hier gearbeitet wird.

Durch das zunehmende Bevölkerungswachstum wird es auch zunehmend Konflikte zwischen Landnutzung und Naturschutz geben. Wenn man, wie der Umweltaktivist George Monbiot, davon ausgeht, dass Flächenfraß das ursächliche ökologische Problem der Landwirtschaft ist und alle anderen Probleme – wie Verlust von Biodiversität, Verschmutzung von Gewässern und Treibhausgasausstoß – dem nachrangig sind, kommt Gut&Bösel, allein auf Fläche und Ertrag gerechnet, wie jeder Biobetrieb momentan nicht gut weg. Aber wenn man Landwirtschaft so betreibt, dass sie mit dem größeren Ökosystem verschränkt ist, sieht diese Rechnung wieder anders aus. »Für mich sind die systematischen Probleme viel zu bedeutend, als dass ich glaube, dass in der Produktionssteigerung die Lösung liegt«, sagt Bösel.

Hoher Ertrag auf geringer Fläche bedeutet am Ende immer zunehmende Technisierung. »Produktionssteigerung ist immer diametral gegenläufig zum Ökosystem. Es kann nur so sein«, sagt Bösel. Monbiot etwa argumentiert für die gänzliche Abschaffung von Tierhaltung und für Proteinherstellung durch Präzisionsfermentation in Fabriken. »Wenn das ein Teil der Lösung ist, bin ich dafür«, sagt Bösel. »Auch wenn ich kein Fan bin.«

Ein neu angelegtes Agroforstsystem auf Gut&Bösel

Tierfreie Landwirtschaft bedeutet zwingend mehr Inputs. Es gibt derzeit keine skalierbare Lösung, wie man großflächig auf künstlichen und auf organischen Dünger – also Mist und Gülle – verzichten kann und gleichzeitig die Bodenfruchtbarkeit aufrechterhält. Es ist unstrittig, dass wir weniger Fleisch, Milch und Eier konsumieren müssen, aber Tiere können wir nicht völlig aus der Gleichung nehmen. Die Erkenntnis hatte ich erst nach Jahrzehnten als Vegetarier. »Natürlich kann ich überlegen, wie man Fleisch im Reagenzglas züchten kann. Aber ich habe das Gefühl, dass der ökologische Weg in dieser ökologischen Krise, die wir haben, der direkteste ist – und auch der schönste«, wirft Küsters ein. Ich lande wieder bei dem Anthropologen Philippe Descola, der in unserer Idee der Trennung von Natur und Kultur das Grundübel des exploitativen Kapitalismus sieht.

Vielleicht haben wir uns selbst in ein Dilemma zwischen Ertrag durch Technologie und ökologisch zentrierte Landwirtschaft manövriert. »Wir wissen es einfach nicht«, sagt Bösel. »Wir haben das jetzt 50 Jahre gemacht. Aber hätten wir das gleiche Kapital, die gleiche Zeit, die gleiche

Ingenieursleistung, die gleiche Intelligenz darauf fokussiert, natürliche Kreisläufe, große komplexe Vorgänge zu verstehen und anzupassen, wären wir doch Lichtjahre weiter.« Eine Metastudie aus dem Jahr 2021 kommt zu dem Schluss, dass konventionelle und ökologische Landwirtschaft beinahe die gleichen Erträge erzielen können. Voraussetzung ist gutes Management. Aber in der Realität sind wir weit davon entfernt. Schätzungen gehen von 20 bis 50 Prozent niedrigeren Erträgen in der ökologischen Landwirtschaft aus. »Wir wissen einfach nicht, welches Potenzial es gibt, auf Synthetik zu verzichten. Uns fehlen die Daten«, sagt Bösel. Zusammen mit diversen Forschungseinrichtungen sind sie auf der Suche nach Daten.

Zusammen mit dem Landwirtschaftsministerium, dem Julius Kühn-Institut für Kulturpflanzen und anderen Forschungseinrichtungen versucht die Finck Stiftung, eine Datenbasis zu erheben, auf der Techniken bewertet werden können. So konnten sie 2021 die gesamten Ackerflächen beproben, haben insgesamt 10 000 Einstiche an fünf Labore geschickt, um pH-Wert, Humus, Phosphor, Kalium, Magnesium und über 30 weitere Makro- und Mikronährstoffe wie Kalzium, Bor, Mangan, Eisen, Silizium und deren Verhältnis zueinander festzustellen. Wie in unserem Körper kommt es nicht nur auf die einzelnen Nährstoffe an, sondern auch darauf, dass sie im richtigen Verhältnis zueinander stehen. Phosphor ist auf den Äckern hier oft zur Genüge da, braucht aber ein gewisses Milieu, um für Pflanzen verfügbar zu sein. Es ist eine Referenz, um feststellen zu können, was das alles bringt, wie sich Humusgehalt, Bodenleben und Nährstoffverfügbarkeit und Wasserhaltefähigkeit ändern. Zudem gibt es noch eine finanzielle Dimension, die wohl der wichtigste Hebel ist, um ökologischere Landwirtschaft zu skalieren.

»Wir versuchen, Ökosystemleistungen, die die Umwelt uns schenkt, in Werte zu fassen«, erzählt mir Küsters unter dem Kirschbaum im Hof von Gut&Bösel. Dass Landwirtschaft Kosten externalisiert, haben wir gelernt. Aber das ist nur ein Teil des Problems, denn auf der anderen Seite werden Leistungen, die für das Ökosystem und über die eigenen Äcker hinaus erbracht werden, nur teilweise honoriert. Biodiversität ist im ökologischen Landbau deutlich höher. Das Thünen-Institut hat sich das in einer groß angelegten Metastudie angeschaut. Im Schnitt gibt es auf ökologisch bewirtschafteten Flächen im Vergleich zu konventionellen ein Viertel mehr Feldvögel mit einem Drittel mehr Arten, ein Viertel mehr Insekten mit einem Viertel mehr Arten und eine doppelt so hohe Artenzahl in der Ackerflora.

Diese Biodiversität hat einen Wert. Erträge auf Obstplantagen sind etwa davon abhängig, weil Bestäuber dadurch mehr Lebensraum haben und Nützlinge Schädlinge in Schach halten. Aber davon haben Landwirte und Landwirtinnen, die unter dem Druck stehen, Kredite abzahlen zu müssen, zunächst nichts. Im Gegenteil, die Gemeinsame Agrarpolitik (GAP) der Europäischen Union, aus der der allergrößte Teil der landwirtschaftlichen Subventionen fließt, bemisst sich weiterhin vor allem nach landwirtschaftlich genutzter Fläche. Entzieht man Fläche landwirtschaftlicher Nutzung, wie es Bösel mit der Ökosystemvernetzung macht, läuft man Gefahr, Subventionen zu verlieren. Damit das nicht passiert, achten sie hier drauf, dass der Status als landwirtschaftliche Fläche erhalten bleibt – im Falle der Ökosystemvernetzung als Grünland. Im schlimmsten Fall würde es als Landschaftselement eingestuft, das dann nicht mehr landwirtschaftlich genutzt werden darf.

»Wenn es uns gelingt, selbst konventionelle Methoden an gewissen Gunststandorten so anzuwenden, dass die Auswirkungen auf Ökosysteme und Gesellschaft überschaubar sind, kann das Teil der Lösung sein«, sagt Bösel. »Auch Gentechnik kann unter den richtigen ethischen Voraussetzungen Teil der Lösung sein, wenn die Leistung stimmt und sie nicht zu viele Kosten produziert.« Ich spreche mit Bösel im Sommer 2023 über den Gegensatz von Technologie und Ökologie. Seit Wochen regnet es in Brandenburg. Genau zur Erntezeit. Der Mähdrescher kann nicht auf die Äcker, Weizen, Roggen und Triticale drohen vor der Ernte zu verderben. »Nehmen wir genmanipuliertes Saatgut, Mais, zum Beispiel, der richtig gut mit Trockenheit umgehen kann. Das funktioniert in richtig trockenen Jahren. Aber mit dem Wetter jetzt kommt so ein Mais überhaupt nicht mehr klar. Ich glaube, die Herausforderung der Zukunft ist die Unvorhersehbarkeit. Darauf kannst du dich nicht ausrichten, darauf kannst du kein Produktionssystem ausrichten. Diese Linearität, die Kontrolle durch Technologisierung wird einfach nicht funktionieren. Dafür sind die klimatischen Risiken, die auf uns zukommen, zu krass. Das Einzige, was funktioniert, ist gesunder Boden, intakte Ökosysteme, Vielfalt der Produkte, ein weitgehend geschlossener Nährstoffkreislauf. Es kann einfach nichts anderes sein.«

Die Ernte dieses Sommers droht eine der schlechtesten zu werden, seit Bösel den Betrieb führt. Erst mangelnder Regen, dann zu viel Regen zum schlechtesten Zeitpunkt. Gleichzeitig hat die Inflation durch den Krieg gegen die Ukraine die Nachfrage nach Bioprodukten einbrechen lassen. Seine Rettung sind die Rinder. Falls er finanziell in Probleme geraten würde, kann er sie verkaufen. »Als reiner Ackerbaubetrieb wäre die Lage jetzt deutlich beschissener«, sagt er. Durch die eigenen Tiere kann er auch ein weiteres Problem umschiffen, das im komplexen Zusammenspiel von Wirtschaft und Ökologie Folge der Inflation ist: drohenden Nährstoffmangel. Reine Bio-Ackerbetriebe müssen Mist von viehhaltenden Betrieben kaufen. Wenn der Hühnerhof des Nachbarn plötzlich schließen muss oder auf konventionell umstellt, fällt der Nachschub für Mist weg. Bösels Rinder übernehmen diese Aufgabe.

An einem sonnigen Nachmittag spaziere ich mit Bösel zur Kompostherstellung. Wir reden über seine Kinder, meine Zukunftssorgen. »Aus der Landwirtschaft kann man noch Hoffnung schöpfen«, sagt er später. Im Schatten von Bäumen stehen sogenannte Johnson-Su-Bioreaktoren, in denen Bodenleben heranreift. Die Bioreaktoren sind Stahlmatten, zu einem Tubus gebogen, gut anderthalb Meter hoch und anderthalb Meter im Durchmesser. Innen ragen Rohre mit Löchern hervor. So soll der Kompost gut durchlüftet bleiben, ohne dass er gewendet werden muss, um zu einem pilzreichen Substrat zu reifen. Das Ziel ist nicht, möglichst viel Kompost zu produzieren, sondern möglichst viel und diverses Leben. Aus diesem Kompost wiederum setzen sie Tees an, mit denen sie ihr Saatgut beizen, bevor sie es aussäen. Der Prozess ist effizient. Für einen Hektar reicht ein Kubikmeter.

»Wir Menschen sind auch nur Tiere, sind Teil der Natur«, sagt Bösel. Er und seine Partnerin, die Kochbuchautorin Tess Ward, sind junge

Eltern. Nach der Geburt ihres ersten Kindes haben sie die Plazenta mit nach Hause genommen, und Bösel hat sie in der Küche portioniert – die kleinen Stücke zum Verzehr, die großen sollten in den Zyklus zurück. Sie haben sie in den Kompost neben der Baumschule eingearbeitet. Mutterkuchen zu Muttererde.

Diese Recherche hat sich immer weiter von dem Acker entfernt, für den ich aufgebrochen bin, und sich den großen Fragen der Landwirtschaft zugewandt. Aber der Acker ist nie ganz aus dem Blick geraten. Auf Bösels Betrieb will ich vor allem etwas über die Besonderheit der Agroforstsysteme lernen, die sie hier pflanzen. Es sind keine Monokulturen oder einfache Mischkulturen, sondern sogenannte syntropische Systeme. Dabei wird die natürliche Sukzession, die aus Wiesen Wälder werden lässt, als Vorbild genommen, beschleunigt und nutzbar gemacht.

Wiesenflächen werden natürlicherweise zuerst von Pionierarten besiedelt. Die Robinie, die wir immer öfter in deutschen Wäldern und Straßen sehen, ist eine solche Pionierart. Diese Arten wachsen schnell, brauchen viel Sonne, kommen mit unterschiedlichsten Bodenarten und Klimaextremen zurecht und können oft Stickstoff fixieren. Aber sie haben eine vergleichsweise kurze Lebensdauer, geringe Schattentoleranz, geringe Größe und wenig Konkurrenzfähigkeit. Unter diesen Pionieren entwickeln sich dann langsam wachsende Klimaxarten, die die Pioniere schließlich überragen und verdrängen. Das sind in Deutschland momentan vor allem Buchen. In dieser Sukzession gibt es Zwischenschritte und fließende Übergänge.

Dafür pflanzt man Pionier- und Klimaxarten und alle Zwischenstufen gleichzeitig und beschleunigt den Sukzessionsprozess, indem man die Pioniere zurückschneidet und schließlich ganz entfernt und dadurch das Wachstum später folgender Arten fördert. Dadurch stellt sich zum einen die wirtschaftliche Nutzbarkeit früher ein, zum anderen sind diese Systeme resilienter und brauchen weniger Inputs. So die Idee. Ich überlege mir, wie ich sie auf Sota la Quinta umsetzen kann.

PFLANZEN

WIR GESTALTEN UNSEREN GARTEN KLIMARESILIENT

Es ist Dezember. Seit ein paar Wochen haben wir zwei Paare hier, die Catharina und mir bei der Baumpflanzung helfen – Lynn, Max, Sandra und Florian. Ich habe mich für das verbliebene Feld für ein System mit vornehmlich Olivenbäumen und Weinreben entschieden. Zudem will ich Trüffeleichen und Granatäpfel ausprobieren. Dazwischen sollen Italienische Erlen und Weiden wachsen – und *Paulownia tomentosa*, einer der am schnellsten wachsenden Bäume überhaupt. Das obere Feld wollen wir noch dichter bepflanzen. Dafür bestelle ich neben den Italienischen Erlen und Paulownia, Haseln, Baumhaseln, Granatäpfel, Walnüsse und Sanddorn. Von einer Weide, die schon viele Jahre auf Sota la Quinta stehen muss, schneiden wir Triebe ab, die wir direkt pflanzen wollen. Zwischen Bäume und Reben kommen Lavendel, Rosmarin und Thymian.

Lynn, Max, Sandra und Florian leben zusammen in einer WG in Freiburg. Max ist professioneller Mountainbiker, muss jeden Tag unmenschlich viel trainieren und kann daher nur begrenzt im Garten mithelfen. Doch die anderen drei machen das mehr als wett. Für das untere Feld plane ich in einer Excel-Tabelle sieben Pflanzreihen mit einem Abstand von sechs Metern. Die Reihen sollen den sanften Konturen des Hanges folgen. Auf dem oberen Hang gestaltet sich die Planung etwas schwieriger, weil dort schon Olivenbäume gepflanzt sind.

Ich helfe beim Pflanzen.

Insgesamt sollen in diesem Winter rund 1000 Bäume auf den beiden Feldern in die Erde kommen. Daneben ein paar Hundert krautige Pflanzen, die wir teils selbst vermehren – Beinwell zum Beispiel – und teils bestellt haben. Was hier entsteht, ist ein syntropisches Agroforstsystem, inspiriert von La Junquera, Wakelyns und Gut&Bösel. Lynn, Sandra und Florian vermessen zunächst das untere Feld und stecken die Höhenlinien ab. Danach fräsen sie die Reihen und arbeiten verrotteten Kuhmist ein, den ich bei einem benachbarten Bauern bestellt habe.

Die Bäume habe ich teils für ein heißeres, trockeneres Klima ausgewählt, teils weil sie momentan hier gut gedeihen. Für Oliven waren die Temperaturen im Winter bisher tendenziell zu niedrig und der Niederschlag in den kalten Monaten zu hoch. Weinreben habe ich hier in der Gegend bisher kaum gesehen. Sie werden eher an der Küste gepflanzt, wo es trockener und heißer ist als bei uns. Italienische Erlen kommen gut mit Trockenheit klar, genau wie Baumhaseln und Paulownia tomentosa. Walnüsse, Eichen – kleinere und knorrigere Varianten als in Deutschland – und Granatäpfel sind hier weit verbreitet.

Unser neues Olivenfeld

Paulownia tomentosa – bei uns bekannt als Blauglockenbaum – könnte einer der wenigen Profiteure der Klimakrise werden. Seine tellergroßen Blätter saugen Sonnenlicht auf und lassen ihn zu einem der am schnellsten wachsenden Bäume überhaupt werden – im jungen Stadium kann der Baum drei Meter pro Jahr zulegen. Er produziert jedes Jahr Millionen feiner, leichter Samen, die sich weit verbreiten, allerdings nur auf sterilem Grund anschlagen – also etwa auf verkohlter Erde nach einem Waldbrand.

Paulownia tomentosa stammt aus China und ist hier ein Neophyt, eine vom Menschen eingeschleppte Pflanzenart. In Deutschland erwartet das Bundesamt für Naturschutz daher, dass der Blauglockenbaum sich immer stärker ausbreiten wird. Neophyten haben keinen guten Ruf, da sie heimische Arten oft verdrängen. Aber wir werden uns daran gewöhnen müssen, zunehmend auch Pflanzen anzubauen, die bei uns nicht heimisch sind, die dafür aber mit einem sich wandelnden Klima klarkommen. Das Holz von *Paulownia tomentosa* ist zwar leicht und nicht für große Lasten gemacht, aber in Armenien stehen Häuser aus Paulownia, die 400 Jahre alt sind, erzählt mir ein Forscher, der sich seit Jahren mit dem Baum beschäftigt. Die Uni Bonn, wo er forscht, plant gerade einen Neubau, bei dem Paulownia zum Einsatz kommen soll. Bei uns ist er aber vor allem interessant für Biomasseproduktion für die Energiegewinnung. Ich verfalle zwar auch der Romantik alter Obstsorten und heimischer Baumarten, muss aber anerkennen, dass sich unsere Wälder und Obsthaine ändern müssen, wenn sie eine Chance haben sollen. Deshalb also unser Versuch mit Paulownia und all den anderen Arten, die hier nicht heimisch sind.

An einem kühlen Nachmittag, ein paar Wochen nachdem unsere Helfer und Helferinnen den Mist eingearbeitet haben, schaue ich mir das Leben unter der Erde an. Mit den Händen greife ich in den Boden, der mir krümeliger scheint, als ich ihn in Erinnerung hatte. Vermutlich das Ergebnis von zwei Jahren Gründüngung. In der feuchten Erde entdecke ich *Harpalus rufipes*, den Behaarten Erdbeersamenlaufkäfer, *Lumbricus terrestris*, den Gemeinen Regenwurm, und *Ommatoiulus moreleti*, den Portugiesischen Tausendfüßler. Mehr kann ich mit bloßem Auge nicht erkennen.

Über einen Zeitraum von zwei Monaten kommen die Baum-, Strauch-, Kraut- und Rebenlieferungen an. Wir – das heißt vor allem Lynn, Sandra und Florian – setzen bis Ende Januar alle Bäume in die Reihen. In den vergangenen Monaten war ich oft sehr angespannt, teils verzweifelt über die ökologischen, klimatischen Herausforderungen, die auf uns zukommen. Es fiel mir schwer, Optimismus zu bewahren. Aber dieses Pflanzen und Gestalten lässt meine Anspannung verfliegen. Wir können nur weitermachen. Es gibt Lösungswege. Wir müssen sie nur umsetzen.

RADIKALE ANNÄHERUNG
VISION FÜR EINE LANDWIRTSCHAFT DER ZUKUNFT

Nach meiner Reise, nach all den Gesprächen mit Landwirten und Landwirtinnen, mit Wissenschaftlern und Wissenschaftlerinnen, nach der Lektüre zahlreicher Bücher und Studien hatte ich zwischendurch das Gefühl, dass es eigentlich ganz einfach hätte sein können. Ich hätte zu Hause bleiben, mich auf die Terrasse von Sota la Quinta setzen und einfach beobachten können: wie Pflanzen und Insekten interagieren, wie Wasser bei einem heftigen Regenfall über das Land fließt und wo es versickert, wie das Leben im Boden explodiert, wenn die Erdoberfläche nicht von der Sonne trocken gebrannt wird. Am Ende erscheint das alles logisch. Die Dynamiken von Ökosystemen, die Interaktionen von Pflanzen, Tieren, Pilzen, Wetter und Land zeigen es einem – man muss nur genau beobachten lernen. Warum sollte man hügeligem Gelände Pflanzungen im Schachbrettmuster aufzwingen? Warum glauben wir, dass einzelne Techniken allumfassende Lösungen sein können? Warum holzen wir Wälder im Amazonas ab, um Schweine in Niedersachsen zu füttern? Ein wacher Verstand und ein geweiteter Blick sollten die Absurdität dieses Systems erkennen können.

Mir ist noch mal wirklich klar geworden, dass alles mit einem Prozess beginnt, der seit 3,5 Milliarden Jahren Leben möglich macht: Photosynthese. Der Sauerstoff in der Atmosphäre, der Diesel in unseren Tanks, das Plastik der Tastatur, mit der ich dieses Buch schreibe, das Essen auf unseren Tellern, sei es tierisch oder pflanzlich: Photosynthese ist der Ausgang allen Lebens und Wirtschaftens. Unsere Rettung kann nur Photosynthese sein. Es gibt momentan keinen anderen Prozess, der in großem Maßstab Kohlenstoffdioxid aus der Atmosphäre zieht. Und deshalb sollte alles landwirtschaftliche Handeln Photosynthese maximieren und auf die Regeneration von Ökosystemen, von Biodiversität, von Bodenkohlenstoff abzielen und das mit Erträgen in Einklang bringen. Über dieses Ziel besteht bei Menschen, die sich um die Zukunft des Lebens auf diesem Planeten, die Zukunft Gaias, Gedanken machen, Einigkeit. Aber das geht nicht linear.

Beinahe alle Prozesse, die uns als Innovationen verkauft werden, die den Lebensstandard bei uns tatsächlich erhöht haben, die wir nicht missen wollen, haben Linearität einprogrammiert. Es ist die DNA des globalisierten Kapitalismus, der Irrglaube, dass unendliches Wachstum auf einem endlichen Planeten möglich ist. Lineare Prozesse treffen wir in beinahe allen Aspekten unseres Lebens an. Unsere Kleidung fängt mit fossilem Gas oder Öl an – ob daraus Dünger gewonnen wird, der Baumwolle wachsen lässt, oder ob daraus synthetische Materialien hergestellt werden, aus denen etwa unsere Funktionskleidung besteht, in der wir die Natur genießen. Diese Kleidung endet dann allzu oft auf riesigen Müllbergen, etwa in Ghana oder in der Atacama-Wüste in Chile.

Auch in der Landwirtschaft sehen wir diese Prozesse. Nehmen wir die Kuh auf der Weide als Beispiel und entfernen uns von ihrer Individualität: In der Kuh steckt Energie, Wasser, Kohlenstoff, Stickstoff. Woher kommen diese Elemente und wohin gehen sie? Ist es ein linearer Prozess, der mit fossilem Gas beginnt und als Knochenreste in der Müllverbrennung endet? Oder ist es ein zirkulärer Prozess, der mit Photosynthese beginnt und endet? Lineare Prozesse führen uns an den Abgrund, lineare Prozesse führen zu Klimaerwärmung und Artensterben, zum Auslaugen der Böden und der Übernutzung von Frischwasserreserven. Ist uns irgendetwas am Fortbestehen menschlicher Zivilisation gelegen, müssen wir dringend vieles ändern, immer im Sinne eines zirkulären Wirtschaftens. Ich glaube, in der Landwirtschaft besteht die größte Dringlichkeit, dieses System zu überdenken und radikal zu ändern –

und sie ist unsere allergrößte Chance. Hier können wir Biodiversität aufbauen und Kohlenstoff in den Boden bringen, hier können wir von einem zum nächsten Jahr Praktiken ändern, die in kurzer Zeit positive Ergebnisse bringen. Aber das müssen wir mit der Notwendigkeit, acht Milliarden Menschen zu ernähren, vereinbaren. Dafür müssen wir Dogmen überdenken, flexibler agieren.

Über den Weg, den wir dafür beschreiten müssen, gibt es Konflikte. Auf der einen Seite stehen Landwirte und Landwirtinnen, die sich regeneratives Handeln auf die Fahnen geschrieben haben, auf der anderen Seite Umweltschützer und Umweltschützerinnen, die dafür plädieren, dass wir auf so wenig Fläche wie möglich so viele Kalorien wie möglich anbauen. Die einen setzen auf ökologische, die anderen auf technologische Lösungsansätze. Sosehr ich auch an ökologische Lösungen glaube, so schnell stoßen sie an Grenzen und so sehr müssen wir uns einer Realität fortschreitender technologischer Innovationen stellen. Und wir sollten sie nutzen, wenn sie die Zerstörung verringern können, die unsere Lebensweise mit sich bringt.

Man kann sich dem Dilemma dahinter leicht rechnerisch annähern. Der Selbstversorgungsgrad bei Lebensmitteln liegt in Deutschland momentan bei 87 Prozent. Seit den 90ern ist das leicht rückläufig. Die Bundesregierung plant, den Flächenanteil der Biolandwirtschaft von derzeit gut neun auf 30 Prozent zu erhöhen. Die Erträge der Biolandwirtschaft liegen im Vergleich zur konventionellen Landwirtschaft optimistisch gerechnet rund 20 Prozent niedriger. Wenn wir den Flächenanteil der Biolandwirtschaft also auf 30 Prozent erhöhen, sinkt der Selbstversorgungsgrad auf 80 Prozent. Wir müssten mehr importieren, teils Produkte, die unter schlechteren Bedingungen angebaut werden; während 70 Prozent der Flächen weiterhin konventionell bewirtschaftet würden, was Verlust von Bodenkohlenstoff und ein Voranschreiten des Artensterbens bedeuten kann.

Wie kommen wir nun raus aus diesem Dilemma? Ich schlage eine radikale Lösung vor: ein Aufheben der scharfen Trennung von »konventionell« und »bio«. Das verlangt einiges von beiden Seiten, es verlangt,

Dogmen zu überdenken, es verlangt, dass konventionelle Landwirtschaft ökologischer wird und ökologische Landwirtschaft Erträge optimiert und dass man in einer radikalen Annäherung zusammenfindet. Es bedeutet auch, dass wir ökologische und technische Lösungen vereinen müssen. Auf meiner Reise und durch die Gespräche mit Wissenschaftlern und Wissenschaftlerinnen habe ich dafür Lösungsansätze gefunden. Einige sind nicht kontrovers und schon weit verbreitet, andere hochumstritten oder noch nicht marktreif:

- Zwischenfrüchte: Eine der wenigen Techniken, die zum einen eindeutig ökologisch wertvoll ist und zum anderen auch gut für die Erträge, ist der Anbau von Zwischenfrüchten. Sie erhöhen den Anteil an Bodenkohlenstoff, fixieren Stickstoff, verhindern Erosion und bieten Insekten Nahrung und Lebensraum. In der Biolandwirtschaft sind sie Standard, im konventionellen Landbau vor allem ein Kostenfaktor. Es gibt enormes Potenzial, sie auf mehr Flächen anzubauen. Das wird zwar durch Subventionen gefördert, aber immer noch sieht man Äcker, die nach der Ernte ungeschützt Sonne und Wind ausgesetzt sind. Zwischenfrüchte könnten auf doppelt so viel Fläche angebaut werden. Hier ist vor allem die konventionelle Landwirtschaft gefragt.

- No-till und *reduced tillage*: In Gebieten, die zu Winderosion neigen, ist No-till eine Option, dem entgegenzuwirken. Darüber hinaus ist die Studienlage uneindeutig. Aber eine Reduzierung der Bodenbearbeitung ist positiv für Bodenleben und Bodenkohlenstoff. Durch den Verzicht auf Pestizide ist die Biolandwirtschaft mehr auf den Pflug angewiesen als die konventionelle Landwirtschaft. Eine Reduzierung der Bodenbearbeitung setzt sehr kluges Management voraus und bedeutet ein größeres Risiko. Gerade in der konventionellen Landwirtschaft sollte mehr Wert auf den Bodenaufbau gelegt werden, vor allem solange noch Herbizide zum Einsatz kommen.

- Reintegration: Vieh, vor allem Wiederkäuer, kann eine Rolle für den Aufbau von Nährstoffen und Kohlenstoff in unseren Böden spielen. Allerdings bleiben Probleme wie Methanausstoß. Vieh können wir uns daher nur so weit erlauben, wie es die Abhängigkeit von Dünger reduziert und inwieweit es das Land zulässt. Die Zahl der Schweine etwa sollte sich daran orientieren, wie viele von ihnen wir mit dem Land, auf das deren Gülle und Mist ausgebracht wird, ernähren können. Wenn allein in den USA und in Brasilien auf einer Million Hektar Soja angebaut wird, nur um Tiere in Deutschland zu füttern, führt das unweigerlich zu einem Überschuss an Mist und Gülle hierzulande, der Böden überdüngt und Gewässer verschmutzt. Wenn wir uns an der zuvor erwähnten Studie für die Schweiz orientieren, bedeutet das 95 Prozent weniger Geflügel, 94 Prozent weniger Schweine und etwa gleichbleibend viel Rind.

- Dünger: Was wir dem Land nehmen, müssen wir dem Land zurückgeben. Nicht weniger und auch nicht mehr. Deshalb müssen wir uns anschauen, woher unser Dünger kommt. Phosphor zum Beispiel kann sich nicht durch Zwischenfrüchte regenerieren, und Biobetriebe haben dementsprechend oft eine negative Phosphorbilanz. Man kann diese Lücke durch Stallmist oder Rotation von Ackerbau und Weidehaltung zum Teil schließen, aber eben nur zum Teil. Bei einer Studie auf Biobetrieben in Bayern gingen im Schnitt zehn Kilo pro Jahr und Hektar verloren. Phosphor wird zum limitierenden Faktor. Man kann das Element aus Phosphorminen gewinnen, aber in den kommenden Jahrzehnten werden weltweit die zugänglichen Phosphatvorräte zur Neige gehen. Die andere Möglichkeit ist, es über tierische Abfallprodukte oder Klärschlamm zurückzuführen. Im Sinne eines zirkulären Wirtschaftssystems wäre Letzteres ein wichtiger Weg, Phosphor zu ersetzen. Im Bioanbau ist Klärschlamm momentan verboten, weil er auch mit Antibiotika und Schwermetallen verschmutzt sein kann. Wenn man aber Phosphor aus Klärschlamm isolieren kann, sollte das auch in der Biolandwirtschaft erlaubt sein.

Einen gewissen Grad an Linearität wird es immer geben, wenn wir unser Wirtschaftssystem nicht auf vorindustrielle Zeiten zurückdrehen. Das heißt auch, dass wir immer ein gewisses Maß an synthetischem Dünger brauchen werden. Solange das in Maßen geschieht und das Leben im Boden im Blick bleibt, ist es irrelevant, ob das auf Biobetrieben oder auf konventionellen Betrieben geschieht. Wichtig ist, dass wir den Dünger dafür möglichst mit regenerativen Energien herstellen und die inhärenten Emissionen in den Griff bekommen.

- Agroforst: In Regionen, in denen Wasser rar und die Sonne harsch ist, haben Agroforstsysteme große Vorteile. Sie speichern Kohlenstoff in ihrer Biomasse, können die Infiltration von Wasser erhöhen, Winderosion und Verdunstung vermindern und Biodiversität aufbauen. Das kann unabhängig davon umgesetzt werden, ob ein Betrieb ökologisch oder konventionell arbeitet.

- Pestizide vs. Biodiversität: Zweifellos müssen wir den Einsatz von Herbiziden, Fungiziden und Insektiziden auf ein Minimum reduzieren. Oft lässt sich der Schädlingsdruck durch Förderung von Biodiversität und somit Nützlingen mindern. Wenn wir beispielsweise den Einsatz von Insektiziden in der konventionellen Landwirtschaft um rund 15 Prozent senken, entspräche das in etwa einer Reduzierung durch eine Verdopplung ökologisch bewirtschafteter Flächen, auf denen gar keine Pestizide eingesetzt werden. Kleine Veränderungen in der konventionellen Landwirtschaft haben so insgesamt immer größere Auswirkungen.

- Mehrjähriges Getreide: Diese Recherche begann mit mehrjährigen Pflanzen. Als ich das erste Mal über eine mehrjährige Alternative für Weizen las, dachte ich mir, dass darin Potenzial stecken müsste. *Thinopyrum intermedium*, zu Deutsch: Graugrüne Quecke oder intermediäres Weizengras, gilt als aussichtsreichster Kandidat. Über der Erde sieht die Pflanze wie langstieliger Weizen aus, aber der große Vorteil liegt unter der Erde. Die Wurzeln von einjährigem Weizen wachsen bis zu einem Meter in die Tiefe. Die Wurzeln von *Thinopyrum intermedium* hingegen schaffen es bis zu 2,5 Meter tief. Bisher ist das intermediäre Weizengras in Europa nicht als Nahrungsmittel zugelassen. Ich habe drei Betriebe in Deutschland gefunden, die damit experimentieren – einer auf gerade 15 Quadratmetern. Allerdings wäre das Getreide auch mit Zulassung weit von der Marktreife entfernt. Die Erträge nehmen von Jahr zu Jahr ab. In den USA forscht das Land Institute, ein kleines Non-Profit-Unternehmen, daran und vermarktet es unter dem Namen »Kernza«. Dafür kooperiert es mit dem *Institut supérieur d'agriculture Rhône-Alpes* (ISARA) in Frankreich. Aber all das passiert in sehr kleinem Maßstab.

Eine Züchtung von *Thinopyrum intermedium*, die stabile Erträge bringt, wäre ein großer Schritt auf dem Weg zu zukunftssicherer Landwirtschaft. Durch tiefere Durchwurzelung ist es resistenter gegen Trockenstress und bringt mehr Wasser und Bodenkohlenstoff in die Tiefe. Es müsste weniger gepflügt werden, was dem Bodenleben hilft, Erosion bremst und den Verbrauch von Diesel senkt, weniger Arbeitszeit und weniger Dünger braucht.

Für Reis sieht es bereits vielversprechend aus: In China wurde 2021 auf 15 000 Hektar mehrjähriger Reis angebaut. Das ist zwar eine verschwindend geringe Fläche für das Land, aber da der Ertrag über bis zu vier Jahre gleich bleibt und der Profit der Landwirte und Landwirtinnen durch geringere Arbeitskosten teils mehr als doppelt so hoch ist, scheint mir das Potenzial enorm.

- Technische Lösungen: Diese Recherche hat mich skeptisch werden lassen, wenn Politiker und Politikerinnen, Wirtschaftslobbyisten und -lobbyistinnen von großen, einfachen Lösungen sprechen, von Innovationen, die unsere Rettung sein sollen. Wenn etwa wirksamer Klimaschutz mit dem Verweis auf eine fantastische Zukunft mit Energie aus Kernfusion oder wasserstoffbetriebenen Autos auf eine ungewisse Zukunft verschoben wird, bleibt das Innovationsversprechen ein Alibi, um destruktive Systeme am Leben zu halten. In der Landwirtschaft sehe ich solche Innovationsversprechen besonders kritisch. So sollen etwa sogenannte neue Zuchtmethoden Kulturpflanzen gegen Hitze und Dürre helfen. Neue Zuchtmethoden sind Gentechnik, nur präziser als bisherige Techniken. Konventionelle Zuchttechniken sind vermutlich nicht das, was man sich gemeinhin darunter vorstellt. Dafür werden Pflanzen etwa mit Röntgenstrahlen beschossen, und es wird auf vorteilhafte Mutationen gehofft. Wenn wir beim gleichen Ergebnis rauskommen, sehe ich nicht, dass eine Methode weniger schädlich als die andere ist. Und wenn man dadurch marginale Verbesserungen erzielen kann, sollten wir diese mitnehmen.

Aber die Fokussierung darauf, das Heilsversprechen, das damit transportiert wird, ignoriert die Komplexität des Systems. Trotzdem denke ich, dass wir das Potenzial gentechnischer Zuchtmethoden nutzen sollten – sofern sie nicht dem gegenwärtigen exploitativen Landnutzungsparadigma dienen. Herbizidresistente Züchtungen, die im Paket mit den entsprechenden Herbiziden verkauft werden, entsprechen diesem Paradigma und werden mittelfristig zum Problem. Wenn sich aber beispielsweise die Erträge von *Thinopyrum intermedium* durch neue Zuchtmethoden verbessern lassen, sollten wir das meiner Ansicht nach nutzen – und uns der Fallstricke bewusst bleiben. Hier muss sich die Biolandwirtschaft fragen, ob eine Totalopposition Sinn ergibt.

- Entlohnung: Landwirte und Landwirtinnen sollten, unabhängig ob sie konventionelle Betriebe oder Biobetriebe bewirtschaften, für beispielhafte Praktiken belohnt werden. Dabei sollten wir aber Ehrlichkeit walten lassen. Der private Markt für CO_2-Zertifikate etwa erweckt oft falsche Hoffnungen und setzt falsche Anreize. Zudem lassen sich Ergebnisse erst nach Jahrzehnten messen. Es muss also mehr darum gehen, Praktiken zu identifizieren und zu entlohnen und einheitliche Standards für die Messung zu etablieren.

In wessen Händen die Lösungen liegen, lässt sich nicht immer klar benennen. Die vorherigen Punkte betreffen vor allem die Angebotsseite. Aber auch wir Konsumenten und Konsumentinnen können Veränderungen anschieben, indem wir etwa unsere Essgewohnheiten umstellen oder politische Änderungen einfordern. Bei den folgenden Punkten können wir etwas tun:

- Fleisch: Wir müssen unseren Fleischkonsum reduzieren. Fleisch – vor allem Schwein und Geflügel – muss entgegen allen Postulaten der Landwirtschaftslobby zu einem Luxusgut werden. Dabei sind wir alle gefordert. Burger oder Würstchen aus Erbsen oder Lupinen sind inzwischen so gut, dass ich vermute, die meisten Menschen würden nur einen Unterschied schmecken, wenn sie darauf hingewiesen werden. Der Trend beim Fleischkonsum geht zwar in die richtige Richtung, aber die größte Gefahr sehe ich darin, dass er ein noch größeres Kulturkampfthema wird, als er es jetzt schon ist.

- Alternative Proteinquellen: Riesige Farmen für Soldatenfliegen sind am Ende auch Monokulturen, die unweigerlich perfekte Bedingungen für die Entwicklung von Krankheitserregern bieten. Proteine aus Insekten sind bei uns zudem kulturell tabuisiert. Aber für Proteine aus dem Labor sehe ich eine Rolle auf unseren Küchentischen. Vor allem weil es bei einer Umstellung auf vegane Ernährung momentan keine zufriedenstellende Alternative für Eier gibt. Präzisionsfermentation durch Bakterien ist da wohl die aussichtsreichste Lösung. In Deutschland wird immer weniger Bier konsumiert, die frei werdenden Brauereien könnte man beispielsweise dafür nutzen. Wir müssen uns aber immer der Gefahr der Monopolisierung bewusst sein. Der Markt kann positive Kräfte entfalten. Unsere Nahrungsmittelproduktion aber dem Markt zu überlassen und in den Händen weniger zu konzentrieren, wäre töricht.

- Diversifizierung: Die größte Angriffsfläche haben wir unserer Nahrungsmittelproduktion durch die Konzentration auf wenige Megafoods wie Weizen, Reis, Soja oder Sonnenblumen aufgezwungen. Das ist effizient, aber gefährlich. Wir müssen dringend diversifizieren. Das kann von unten kommen, Influencer und Influencerinnen können vormachen, wie man mit Buchweizen oder Topinambur kocht, mit Leindotteröl Salate anmacht und mit Roggen und Dinkel backt. Und es muss politisch gefördert werden, weil die ökonomischen Rahmenbedingungen Megafoods präferieren.

- Kompost: Im Sinne eines zirkulären Systems müssen wir auch unsere Alltagshandlungen überdenken. In Deutschland gibt es zwar Abfallcontainer für grüne, braune und weiße Flaschen, dafür fehlt aber oft der so wichtige Sammelbehälter für den Biomüll. Dass wir Plastik, Eierschalen und Kaffeesatz meist zusammen in den Restmüll schmeißen, bedeutet, dass wir unseren landwirtschaftlichen Systemen Biomasse entziehen. Durch den sauerstoffarmen Zerfallsprozess auf Mülldeponien wird zudem Methan freigesetzt. Vor allem in der Gastronomie sollte es verpflichtend werden, Lebensmittelreste zu kompostieren. Dass das möglich ist, zeigt Südkorea. Dort werden beinahe die gesamten Lebensmittelreste kompostiert. In New York ist man gerade dabei, dies verpflichtend zu machen.

Es gibt wohl kaum einen deutlicheren Ausdruck menschlichen Größenwahns als unseren Versuch, Leben in all seinen Ausformungen, in all seiner Komplexität durch einfache, große Lösungen unter Kontrolle zu bekommen. Die Idee, den Mars bewohnbar zu machen – was Tech-Jünger wie Elon Musk tatsächlich vorantreiben –, ist der endgültige Höhepunkt dieses Größenwahns. Aber selbst wenn wir hier auf der Erde bleiben, begegnen uns Ausformungen dieser Hybris immer wieder. Technologische Heilsversprechungen sollen komplexe Systeme in den Griff bekommen. Doch beinahe jeder Eingriff in ein Ökosystem, also auch in unsere Anbausysteme – sei es durch Dünger, Pestizide, neue Züchtungen oder Maschinen –, hat unweigerlich Konsequenzen, mögen diese auch nicht intendiert sein. Nachhaltige Landwirtschaft ist komplex, und es gibt kein Muster, das überall funktioniert. Der Einsatz von Pflug und Zwischenfrüchten, von Agroforststreifen, von technischen Lösungen muss immer den lokalen Gegebenheiten angepasst werden.

Singuläre Lösungen führen oft zu Abhängigkeiten. Wenn diese Lösungen versagen, bricht das ganze System zusammen. Die finanzielle Abhängigkeit, in der die Menschen, die unsere Nahrungsmittel anbauen, zu Konzernen stehen, die am Ende Patente für neue Züchtungen, die dazugehörigen Dünger und Pestizide halten – Milliarden-Konzerne wie Bayer, DuPont oder Monsanto –, hat ein System geschaffen, das inert ist. Ein System, in dem Änderungen extrem schwierig sind und das kaum auf ökologische Krisen reagieren kann, weil finanzielle Risiken für Landwirte und Landwirtinnen mit den finanziellen Interessen einiger der größten Konzerne weltweit verschränkt sind.

Da in unserem politischen Klima jede Regulierung als Übergriff, gar als undemokratisch verunglimpft wird, ist der effektivste Weg, etwas an den eingefahrenen Strukturen zu ändern, der Preis: Externe Kosten und externe Werte müssen eingepreist werden. Biogemüse würde so billiger und konventionelles Fleisch teurer. Diejenigen, die poltern, das sei eine soziale Ungerechtigkeit, haben meist wenig Interesse daran, die eigentliche soziale Ungerechtigkeit zu bekämpfen: die extrem und größer werdende Einkommens- und Vermögensschere. Denn es gibt Mittel, dieser Ungerechtigkeit entgegenzuwirken. Etwa durch eine Abschaffung der Mehrwertsteuer auf pflanzliche Produkte.

All diese Lösungsansätze funktionieren nur im Konzert. Je mehr wir davon umsetzen, desto besser. Und je diversifizierter, desto wahrscheinlicher ist es, dass sie greifen. Es geht bei Zwischenfrüchten, Agroforststreifen oder mehrjährigem Getreide nicht um grüne oder sonst wie geartete Ideologie, sondern um den Versuch, menschliche Zivilisation mit den Grenzen dieses Planeten in Einklang zu bringen. Wir sind Teil der Natur, und Schutz der Natur ist in erster Linie ein Kampf um unser eigenes Überleben. Um das zu erreichen, sollten wir alles versuchen – vom Acker zum Küchentisch und zurück auf den Acker.

EPILOG
DIE WALDGÄRTNERIN

Vor sieben Jahren malte die Künstlerin Maria Giménez ihr letztes Gemälde. »Die Aussicht für meine Kinder war katastrophal, und ich stehe im Atelier, bereite mich auf eine Ausstellung vor, auf irgendeine Karriere, und irgendwelche Sammler kommen, und es geht darum, mehr Geld zu machen. Ich denke nur: Was ein Schwachsinn. Was mache ich hier?« Giménez, Anfang 40, glatte, dunkle Haare, tauschte Pinsel gegen Hacke, Galerien gegen Wochenmärkte, Farbspritzer im Gesicht gegen Erde unter den Fingernägeln. Sie wurde Landwirtin. Heute führt sie südlich von Berlin einen 360 Hektar großen Betrieb. An diesen kühlen Frühjahrstagen, an denen ich zu Gast bin, sind die Wiesen saftig grün. Die Kühe stehen noch auf der Winterweide und warten darauf, dass sie über die Äcker ziehen dürfen. Die Pappelreihen in den Roggenfeldern rascheln im Wind.

Meine Reise hat in Murcia auf dem Betrieb La Junquera angefangen. Aus Murcia kommt auch der väterliche Teil von Giménez' Familie. Ihr Großvater ist in den 60ern nach Köln gezogen und hat dort bei der Post angeheuert. Als Kind verbrachte Giménez ihre Sommer in der Region La Huerta de Murcia – dem Garten Murcias. Ich fand, das ist ein schöner erzählerischer Bogen. Daher habe ich Giménez in ihrem Betrieb »Wilmars Gærten« getroffen, sie immer wieder besucht und ein paar Wochen in einem Gartenhaus im Park geschrieben.

Ihr Schwiegervater, der Galerist Michael Werner, hat vor 25 Jahren dieses Anwesen in Märkisch Wilmersdorf gekauft. Schloss, Park und Gesindehäuser waren verfallen. Heute ist das Schloss eindrucksvoll restauriert und der Park erblüht. In den Gesindehäusern leben die Kunstschaffenden Markus Lüpertz und Maki Na Kamura. Giménez pendelt zwischen hier und Berlin, wo ihre sechs Kinder Kita und Schule besuchen, hin und her. Von Grün zu Grau, von Grau zu Grün.

Sie und ihre Mitstreiter und Mitstreiterinnen haben 200 000 Bäume 35 verschiedener Arten in die Felder gepflanzt, sie integrieren eine kleine Kuhherde und Hühner in den Ackerbau – und in das Ökosystem. Aber das bisherige Herzstück von Wilmars Gærten ist ein Marktgarten, dessen Gemüse sie am Wochenende in Berlin oder an Sterne-Restaurants wie »Ernst« und »Nobelhart & Schmutzig« oder das »Michelberger Hotel« verkaufen. »Unser Ziel ist es, viele Gärten entstehen zu lassen, viele Systeme der Nahrungsmittelproduktion, die zeigen, dass es möglich ist, im Einklang mit der Natur Nahrungsmittel zu produzieren und hohe Erträge zu erzielen«, sagt Giménez.

»Die Kunst ist das Land für mich«, erzählt sie mir. »Ich dachte, dass ich einfach eine Landschaft gestalte, eine Landschaft für die Zukunft unserer Kinder, für uns alle, für alle Mikroorganismen in der Erde. Eine Landschaft, in der wir zeigen, dass wir nicht nur uns ernähren können, sondern alles Lebende um uns herum. Nicht nur jetzt, sondern für die Zukunft.« Ich kenne dieses Gefühl, etwas zu schaffen, das wächst, das interagiert und dem man trotzdem noch den eigenen Fingerabdruck aufsetzen kann. Es gibt wohl kaum einen kreativeren Prozess. »Wir müssen eine Revolution starten. Ich habe aber keinen Bock, mich auf die Straße zu kleben. Ich glaube, dass dieser zivile Ungehorsam eine Wirkung hat. Aber für mich ist das nichts, weil viel Energie in Wut verloren geht. Ich finde es schöner, an das schöpferische Potenzial zu erinnern. Wir brauchen mehr Gärtner. Wir brauchen mehr Menschen, die die Welt ernähren«, sagt sie. »Der größte Akt der Revolution ist meiner Meinung nach, Gärten zu pflanzen, zu öffnen, Menschen und anderes Leben zu ernähren.«

Maria Giménez und ihre Tochter Alma sammeln Rosenblätter.

Manchmal denke ich, dass uns die Demut dem Wunder Leben gegenüber abhandengekommen ist, vielleicht gab es sie nie. Und uns fehlt das Verständnis dafür, wo wir hier sind: Wir sind auf einem Planeten voller Leben in einem unvorstellbar großen Raum, der absolut menschenfeindlich ist, in dem wir keine zehn Sekunden überleben würden, weil wir ohne die Atmosphäre ersticken, verbrennen oder explodieren würden. »Das war immer einleuchtend für mich: Mutter Erde«, ergänzt Giménez. »Und je mehr ich mich mit dem Land und mit der Landwirtschaft befasse, umso einleuchtender ist es. Diese Erde nährt uns. Es ist ein Kreislauf, der da stattfindet. Das haben wir vergessen.«

An einem milden Tag fahren wir mit ihrem alten amerikanischen Van über die Ländereien zum Wohnhaus von Giménez und ihrem Mann. Der Garten ist voller Welpen. Einer rennt auf sie zu, und Giménez nimmt ihn auf den Arm. »Penelope, ich liebe dich so sehr. Ich liebe dich so unglaublich«, sagt sie. Ein anderer Welpe kommt hinzu. »Und dich natürlich auch.« Giménez hat die acht Welpen, die hier herumwuseln, mit der Flasche aufgezogen, weil die leibliche Mutter eine Entzündung an den Zitzen hatte.

»Du hast Glück, oder?«, frage ich.

»Ja, ich bin dankbar. Das habe ich meiner Mama und meinem Papa zu verdanken, dass ich weiß, was ich für ein Glück habe, und dass ich das Leben als Leben zu schätzen weiß. Das hört sich jetzt kitschig an …«

»Vollgas Kitsch bitte.«

»Das fehlt uns: diese Demut, das Verliebtsein ins Leben, in die Natur, in die Schönheit der Dinge, und das wahrzunehmen und sich darüber zu freuen.«

DANK

Die Entstehung eines Buches ist ein komplexer Prozess, viele Dinge greifen ineinander, um ein großes Ganzes zu schaffen. Alles beginnt bei der Photosynthese, unserer Nahrung, dieses Buch, all unser Leben. Begreifen können das nur wir Menschen. Dank verstehen nur wir. Der geht daher an die Menschen hinter dieser Recherche.

Für den wissenschaftlichen Input: Axel Don, Meike Grosse, Paul Mäder, Nils Ole Plambeck, Christopher Poeplau, Christian Rehmer und David D. Briske.

Für die Zeit auf ihren Betrieben: Benedikt Bösel, Yanniek Schoonhoven, Alfonso Chico de Guzmán, Martin Crawford, David Wolfe, Alfred Grand, Lennart Claaßen, Nanouk Dognies, Christoph Trütken, María Giménez und Familie, Friederike Schierholz und Alexander Schierholz-Prilop. Auf Gut&Bösel zudem Rosanna Gahler, Laurenz von Glahn, Johannes Harms, Max Küsters und Lea Ligat.

Für die Hilfe auf Sota la Quinta: Maximilian Brandl, Florian Wickert, Sandra Helbig, Lynn Sigel, Jean-François Blondeau, Isidro Giménez und Sussy Tröstl, Crystal Nichols, Yago Martinez-Falero Hein, Ana Cecilia Perez Mendoza, Nora Blase, Johannes Caspari, Anna Costa Novaro, Andrew Plemons, Llum Canut Ramos und Christian Dejuan.

Dank

Danke an meine Agentin und Erstleserin Nina Sillem. Danke an Julia Hoffmann bei Penguin und Ulrike Gallwitz.

Danke an meine Familie, die mich immer unterstützt hat: Manfred Etter, Iris Etter, Melanie Etter, Susan, Elena und Lorenz Wegner. Danke an Moritz und Katharina Baumstieger. Danke an Catharina Caspari, die immer an meiner Seite war.

Für das Privileg Leben.

QUELLENVERZEICHNIS

PROLOG

Jim E. Lovelock, *Unsere Erde wird überleben, Gaia – Eine optimistische Ökologie,* Übers. aus dem Englischen von Constanze Ifantis-Hemm, Piper, 1982, S. 27 f. (Originalausgabe: *Gaia. A New Look at Life on Earth,* Oxford University Press 1979)

Ärztliche Mitteilungen bei Vergiftungen 2005, Bundesinstitut für Risikobewertung

Luke J. Schafer, Marin Lysák, Christian B. Henriksen, *Tree layer carbon stock quantification in a temperate food forest: A peri-urban polyculture case study,* Urban Forestry & Urban Greening, Volume 45, 2019, https://doi.org/10.1016/j.ufug.2019.126466.

Anna Lowenhaupt Tsing, *Der Pilz am Ende der Welt. Über das Leben in den Ruinen des Kapitalismus,* Matthes & Seitz 2018

www.overshootday.org

Marcia DeLonge, *In California's Central Valley, Drought Is a Growing Threat to Farms, Food, and People,* The Equation, March 15, 2022

Soil-Based Carbon Sequestration, MIT Climate Portal, April 15, 2021, https://climate.mit.edu/explainers/soil-based-carbon-sequestration

AUFLEBEN

FAO. *Emissions due to agriculture, Global, regional and country trends 2000–2018*, FAOSTAT Analytical Brief Series No 18. Rome, 2020

P.R. Shukla et al., *Summary for Policymakers, Climate Change and Land: an IPCC special report on climate change, desertification, land degradation, sustainable land management, food security, and greenhouse gas fluxes in terrestrial ecosystems*, IPCC, 2019

Axel Don et al. (2011), *Impact of tropical land-use change on soil organic carbon stocks – a meta-analysis*. Global Change Biology, 17: 1658–1670, https://doi.org/10.1111/j.1365-2486.2010.02336.x

Christopher Poeplau et al. (2011), *Temporal dynamics of soil organic carbon after land-use change in the temperate zone – carbon response functions as a model approach*. Global Change Biology, 17: 2415–2427, https://doi.org/10.1111/j.1365-2486.2011.02408.x

20 per cent of world's CO_2 from ploughing – soil scientist, Farming Online, 15. Januar 2014

P. Ciais et al. (2013), *Carbon and other biogeochemical cycles*, Climate Change 2013: The Physical Science Basis, 465–570

K. Paustian et al. (2019), *Soil C Sequestration as a Biological Negative Emission Strategy*, Front. Clim., 1: 8, doi: 10.3389/fclim.2019.00008

Axel Don et al. (2018), *Die 4-Promille-Initiative »Böden für Ernährungssicherung und Klima« – Wissenschaftliche Bewertung und Diskussion möglicher Beiträge in Deutschland*. Braunschweig: Johann Heinrich von Thünen-Institut, 37 p, Thünen Working Paper 112, doi:10.3220/WP1543840339000

Oliver Balch, *PepsiCo's biggest challenge: winning over millions of farmers to regenerative agriculture*, Reuters, September 21, 2022

L. Schreefel et al., *Regenerative agriculture – the soil is the base*, Global Food Security, Volume 26, 2020, https://doi.org/10.1016/j.gfs.2020.100404

Regenerative Organic Agriculture, Rodale Institute, https://rodaleinstitute.org/why-organic/organic-basics/regenerative-organic-agriculture/

Charles Massy, *Call of the Reed Warbler: A New Agriculture – A New Earth*, Chelsea Green Publishing 2018, S. 48

WASSER

BMEL, Ergebnisse der Waldzustandserhebung 2020

»Bauern melden weniger Ernte wegen Hitze«, Zeit Online, 18. Juli 2018

Statistisches Bundesamt, Hektarertrag von Getreidesorten in Deutschland bis 2021

John Boardman, Jean Poesen, *Soil Erosion in Europe*, 2006, doi:10.1002/0470859202

Olivier Prigent et al., *Combating desertification in the EU: a growing threat in need of more action*, European Court of Auditors, doi:10.2865/801468

Ma. del Carmen Ponce-Rodríguez et al. *Keyline in Bean Crop (Phaseolus vulgaris L.) for Soil and Water Conservation*, Sustainability 2021, 13, 9982, https://doi.org/10.3390/su13179982

Nicole Masters, *For the love of soil: Strategies to Regenerate our Food Production Systems*, Bowker 2019, S. 122

Statista, Average net income in Spain, www.statista.com/statistics/1220367/average-net-income-per-person-spain/

NETZE

George Monbiot, *Regenesis: Feeding the World without Devouring the Planet*, Penguin 2023, S. 28 f.

KONTROLLE

Charles Massy, *Call of the Reed Warbler*, S. 172

William R. Morrison, III, Zsofia Szendrei, *The Common Asparagus Beetle and Spotted Asparagus Beetle (Coleoptera: Chrysomelidae): Identification, Ecology, and Management*, Journal of Integrated Pest Management, Volume 5, Issue 3, 1. September 2014, B1–B6, https://doi.org/10.1603/IPM14004

H. Henry Janzen et al. (2022), *Photosynthetic limits on carbon sequestration in croplands*, Geoderma, 416, 115 810, 10.1016/j.geoderma.2022.115810

Mark Shepard, *Restoration Agriculture: Real-World Permaculture for Farmers*, Acres 2013

BODEN I

Sabine Zikeli, Sabine Gruber, *Reduced Tillage and No-Till in Organic Farming Systems*, Germany. *Status Quo, Potentials and Challenges*. Agriculture. 2017; 7(4): 35, https://doi.org/10.3390/agriculture7040035

R. Islam, R. Reeder, *No-till and conservation agriculture in the United States: An example from the David Brandt farm*, Carroll, Ohio, International Soil and Water Conservation Research, Volume 2, Issue 1, 2014, https://doi.org/10.1016/S2095-6339(15)30017-4.

Carl Zulauf, Ben Brown, *Tillage Practices*, 2017 US Census of Agriculture, Department of Agricultural, Environmental and Development Economics, Ohio State University, July 25, 2019, Farmdoc Daily (9): 136, https://farmdocdaily.illinois.edu/2019/07/tillage-practices-2017-us-census-of-agriculture.html

Statista, Expected share of Ukraine in exports of selected agricultural products worldwide in marketing year 2022/2023, https://www.statista.com/statistics/1300871/share-world-exports-wheat-maize-ukraine/

Ullalena Boström, *Earthworm populations (Lumbricidae) in ploughed and undisturbed leys*, Soil and Tillage Research, Volume 35, Issue 3, 1995, 125–133, https://doi.org/10.1016/0167-1987(95)00489-0

K.Y Chan, *An overview of some tillage impacts on earthworm population abundance and diversity – implications for functioning in soils*, Soil and Tillage Research, Volume 57, Issue 4, 2001, https://doi.org/10.1016/S0167-1987(00)
00173-2.

María Jesús I. Briones, Olaf Schmidt, *Conventional tillage decreases the abundance and biomass of earthworms and alters their community structure in a global meta-analysis*, Global Change Biology, 2017, 23: 4396–4419, https://doi.org/10.1111/gcb.13744

An Van den Putte et al., *Assessing the effect of soil tillage on crop growth: A meta-regression analysis on European crop yields under conservation agriculture*, European Journal of Agronomy, Volume 33, Issue 3, 2010, 231–241, https://doi.org/10.1016/j.eja.2010.05.008

ECHA, *Glyphosate: no change proposed to hazard classification*, www.echa.europa.eu/-/glyphosate-no-change-proposed-to-hazard-classification

WHO, IARC Monograph on Glyphosate, www.iarc.who.int/featured-news/media-centre-iarc-news-glyphosate/

ECHA, *Glyphosate*, https://echa.europa.eu/hot-topics/glyphosate

N. Defarge, et al. (2023). *A Roundup herbicide causes high mortality and impairs development of Chrysoperla carnea (Stephens) (Neuroptera: Chrysopidae)*, The Science of the total environment, 865, 161 158, https://doi.org/10.1016/j.scitotenv.2022.161158

Lucas Battisti et al., *Is glyphosate toxic to bees? A meta-analytical review*, Science of The Total Environment, Volume 767, 2021, https://doi.org/10.1016/j.scitotenv.2021.145397

Mailin Gaupp-Berghausen et al. *Glyphosate-based herbicides reduce the activity and reproduction of earthworms and lead to increased soil nutrient concentrations*, Sci Rep 5, 12886 (2015), https://doi.org/10.1038/srep12886

Johann G. Zaller et al. (2014), *Glyphosate herbicide affects belowground interactions between earthworms and symbiotic mycorrhizal fungi in a model ecosystem*. Scientific Reports, 4, 5634, 10.1038/srep05634.

Magdalena Druille et al. (2013), *Arbuscular mycorrhizal fungi are directly and indirectly affected by glyphosate application*, Applied Soil Ecology, Volume 72, https://doi.org/10.1016/j.apsoil.2013.06.011.

Tom Polansek, Rod Nickel, *Bayer's top seed faces U.S. soybean challenge from Corteva*, Reuters, March 4, 2020

Ian Heap, Stephen O. Duke (2018), *Overview of glyphosate-resistant weeds worldwide*, Pest. Manag. Sci., 74: 1040–1049, https://doi.org/10.1002/ps.4760

Stephen M. Ogle et al., *Climate and Soil Characteristics Determine Where No-Till Management Can Store Carbon in Soils and Mitigate Greenhouse Gas Emissions*, Sci. Rep. 9, 11665 (2019), https://doi.org/10.1038/s41598-019-47861-7

Julia Cooper et al., *Shallow non-inversion tillage in organic farming maintains crop yields and increases soil C stocks: a meta-analysis*, Agron. Sustain. Dev., 36, 22 (2016), https://doi.org/10.1007/s13593-016-0354-1

Zhongkui Luo et al., *Can no-tillage stimulate carbon sequestration in agricultural soils? A meta-analysis of paired experiments*, Agriculture, Ecosystems & Environment, Volume 139, Issues 1–2, 2010, 224–231, https://doi.org/10.1016/j.agee.2010.08.006.

Viridiana Alcántara et al. (2016), *Deep ploughing increases agricultural soil organic matter stocks*, Global Change Biology, 22: 2939–2956, https://doi.org/10.1111/gcb.13289

Christopher Poeplau, Axel Don, *Carbon sequestration in agricultural soils via cultivation of cover crops – A meta-analysis*, Agriculture,

Ecosystems & Environment, Volume 200, 2015, 33–41, https://doi.org/10.1016/j.agee.2014.10.024

Axel Don et al., *Die 4-Promille-Initiative »Böden für Ernährungssicherung und Klima« – Wissenschaftliche Bewertung und Diskussion möglicher Beiträge in Deutschland*, Thünen-Institut 2018

M.A. Bolinder et al. (2012), *Estimating carbon inputs to soil in forage-based crop rotations and modeling the effects on soil carbon dynamics in a Swedish long-term field experiment*, Canadian Journal of Soil Science, 92, 821–833, 10.4141/CJSS2012–036.

Jonathan P. Lynch, Tobias Wojciechowski (2015), *Opportunities and challenges in the subsoil: pathways to deeper rooted crops*, Journal of experimental botany, 66(8), 2199–2210, https://doi.org/10.1093/jxb/eru508

Statistisches Bundesamt: Landwirtschaftliche Betriebe mit Zwischenfruchtanbau im Zeitvergleich (Stand: 18. Juni 2021), http://doi.org/10.5073/JfK.2015.09.02

BODEN II

Dani Böhler und Hansueli Dierauer, *Direktsaat von Mais in überwinternde Begrünungen unter Biobedingungen, Messerwalze statt Glyphosat*, Forschungsinstitut für biologischen Landbau FiBL, Frick (Schweiz)

Sabine Zikeli, Sabine Gruber, *Reduced Tillage and No-Till in Organic Farming Systems, Germany*, a. a. O.

P. Michael Schmitz und Hendrik Garvert, *Die ökonomische Bedeutung des Wirkstoffes Glyphosat für den Ackerbau in Deutschland*, Journal für Kulturpflanzen, 64 (5), 150–162, 2012, doi: 10.5073/JfK.2012.05.02

Puran Mal et al., Zurückgenommener Artikel: *Konservierende Bodenbearbeitung in Deutschland als Lösungsbeitrag gegen Bodenerosion*, Journal für Kulturpflanzen, Bd. 67, Nr. 9 (2015), https://doi.org/10.5073/JfK.2015.09.02

Maike Krauss et al. *Enhanced soil quality with reduced tillage and solid manures in organic farming – a synthesis of 15 years*, Sci. Rep., 10, 4403 (2020), https://doi.org/10.1038/s41598-020-61320-8

Maike Krauss et al. (2017), *Impact of reduced tillage on greenhouse gas emissions and soil carbon stocks in an organic grass-clover ley – winter wheat cropping sequence*, Agriculture, Ecosystems & Environment, Volume 239, 324–333, https://doi.org/10.1016/j.agee.2017.01.029

Ute Schultheiß et al., *Wirtschaftsdünger tierischer Herkunft – jährliche Anfallmengen in der Bundesrepublik Deutschland*, https://doi.org/10.15150/lt.2010.513

Andreas Gattinger et al., *Enhanced top soil carbon stocks under organic farming*, Cary Institute of Ecosystem Studies, Millbrook, NY, 15. Oktober 2012, 109 (44) 18226–18231, https://doi.org/10.1073/pnas.1209429109

M. Krauss et al. (2010), *Reduced tillage in temperate organic farming: implications for crop management and forage production*. Soil Use and Management, 26: 12–20, https://doi.org/10.1111/j.1475-2743.2009.00253.x

DÜRRE

www.fibl.org/fileadmin/documents/shop/1344-organic-world-2022.pdf

https://statistics.fibl.org/data.html

ZYKLEN

Gerd Fesser, *Die Kaiserzeit Deutschland 1871–1918*, Landeszentrale für politische Bildung Thüringen, 2000

BODEN III

Nicole Masters, *For the love of soil*, S. 135 ff.
Lisa M. Butler Harrington (2018), *Alternative and Virtual Rurality: Agriculture and The Countryside as Embodied in American Imagination*, Geogr, Rev,, 108: 250–273, https://doi.org/10.1111/gere.12245
Biointensiver Gemüsebau, Oekolandbau.de, 2019
Olaf Zinke, *Wo verdienen die Bauern am meisten Geld – und womit? – Die Regionen* (4.5.2021), agrarheute.com
Stefan Schwarzer, *Potenziale der Kohlenstoffspeicherung im Boden*, UNEP Foresight Briefs #13, https://unepgrid.ch/storage/app/media/legacy/34/Foresight013_DE.de.pdf
Claire LaCanne, Jonathan Lundgren (2018), *Regenerative agriculture: Merging farming and natural resource conservation profitably*. PeerJ., 6, e4428, 10.7717/peerj.4428.
Tobias Gaugler, Amelie Michalke, *»How much is the dish?«, Was kosten uns Lebensmittel wirklich?*, Arbeitsgruppe »Märkte für Menschen« Universität Augsburg, www.db.zs-intern.de/uploads/1537345607-LangfassungHowmuchisthedish.pdf
C. Walter, et al. (2006), *The effect of hedgerows on soil organic carbon storage in hillslopes*, Soil Use and Management, 19, 201–207, 10.1111/j.1475–2743.2003.tb00305.x.
Our World in Data, Dietary compositions by commodity group, World, 1961 to 2020

ENTFREMDUNG

Yunhu Gao, André Cabrera Serrenho, *Greenhouse gas emissions from nitrogen fertilizers could be reduced by up to one-fifth of current levels by 2050 with combined interventions*, Nat. Food., 4, 170–178 (2023), https://doi.org/10.1038/s43016-023-00698-w
Thorsten Reinsch, *Fertilizers: too much of a good thing*, Heinrich Böll Stiftung (07.09.2021), https://eu.boell.org/en/2021/09/07/fertilizers-too-much-good-thing

Umweltbundesamt, Indikator: Nitrat im Grundwasser (2022)
WWF, »Soja als Futtermittel« (12.05.2020)
Statistisches Bundesamt, Sojaanbauflächen in Deutschland binnen fünf Jahren mehr als verdoppelt (03.08.2021)
OEC, Soybean Meal, https://oec.world/en/profile/hs/soybean-meal
Statista, Wichtigste Lieferländer von Sojabohnenimporten nach Deutschland nach Importmenge in den Jahren 2020 bis 2022, https://de.statista.com/statistik/daten/studie/1139101/umfrage/der-import-von-sojabohnen-nach-deutschland/
Statista, Hektarertrag von Sojabohnen in den führenden Erzeugerländern von Sojabohnen weltweit in den Jahren 2019 bis 2021, https://de.statista.com/statistik/daten/studie/1140826/umfrage/ernteertrag-von-sojabohnen-nach-laendern/
OEC, Fertilizers in Brasil, https://oec.world/en/profile/bilateral-product/fertilizers/reporter/bra?redirect=true
Emiko Terazono, *Russian fertiliser export revenue surged 70 % in 2022 as prices jumped*, Financial Times, 15.01.2023
Karl Plume, *Analysis: Decades of US corn export dominance fade as Brazil seizes top supplier crown*, Reuters, 7. Juli 2023
OEC, Corn in Brazil, https://oec.world/en/profile/bilateral-product/corn/reporter/bra?redirect=true
Johann Kirchinger, *Landwirtschaft (Spätmittelalter/Frühe Neuzeit)*, Historisches Lexikon Bayerns
Jürgen Huss et al. (2017), *Schweinemast im Wald: einst und heute – Pig herding in the forest: in the past and today* (S. 66–72), Forum Forstgeschichte – Festschrift zum 25-jährigen Bestehen des Arbeitskreises Forstgeschichte
Statistisches Bundesamt, Strukturwandel in der Landwirtschaft hält an, Pressemitteilung Nr. 028 vom 21. Januar 2021
Statista, Wichtigste Lieferländer von Tomaten in Deutschland nach Importmenge in den Jahren 2020 bis 2022
Gerd Fesser, *Die Kaiserzeit Deutschland 1871–1918*, a. a. O.

Statistisches Bundesamt, Landwirtschaftszählung 2020 – Zahl der Arbeitskräfte weiterhin rückläufig

Colin K. Khoury et al., *Increasing homogeneity in global food supplies and the implications for food security*, University of Minnesota, St. Paul, MN, March 3, 2014, https://doi.org/10.1073/pnas.1313490111

Statista, Production volume of sunflower seed in major producer countries in 2022/2023

Statista, Monatlicher Preis für Sonnenblumenöl im globalen Handel von August 2020 bis August 2023

DIVERSITÄT

Maria Renate Finckh, Martin Stuart Wolfe, *Diversität statt Monokultur für eine gesunde Zukunft*, Agrarforschung 3 (6), 263–266, 1996, www.agrarforschungschweiz.ch/wp-content/uploads/2019/12/1996_06_552.pdf

K.F.S. King, *The history of agroforestry*, Agroforestry: a decade of development, International Council for Research in Agroforestry, 1987

M. Bürgi, M. Stuber, (2003), *Agrarische Waldnutzungen in der Schweiz 1800–1950. Waldfeldbau, Waldfrüchte und Harz.* – Schweizerische Zeitschrift für Forstwesen, 154, 9: 360–375

Piper, Ross et al. (2003), *The impact of silvoarable agroforestry with poplar on farm profitability and biological diversity*, Final Report to DEFRA; AF0105_7417_FRP-1.pdf (rosspiper.net)

Patrick Whitefield, *Trees among the wheat*, Permaculture Magazine, No. 11, 1996

S.M. Clarke et al., *Effects of husked oat varieties, variety mixtures and populations on disease levels, crop cover and their resulting yields.* Poster at: Cultivating the Future Based on Science: 2nd Conference of the International Society of Organic Agriculture Research ISOFAR, Modena, Italy, June 18–20, 2008

Martin S. Wolfe, *Genetically diverse wheat populations: their performance and use*, COST SUSVAR-ECOPB Proceedings 2008

J. Smith et al. (2014), *Agroforestry: integrating apple and arable production as an approach to reducing copper use in organic and low-input apple production*. In: Agriculture and the Environment X: Delivering Multiple Benefits from our Land: Sustainable Development in Practice, 15–16 Apr 2014, Edinburgh, Scotland, pp. 278–284

Paolo D'Odorico et al. (2014), *Feeding humanity through global food trade*, Earth's Future, 2, 10.1002/2014EF000250

Sonja Kay et al., *Agroforestry is paying off – Economic evaluation of ecosystem services in European landscapes with and without agroforestry systems*, Ecosystem Services, Volume 36, 2019, https://doi.org/10.1016/j.ecoser.2019.100896

Andrea De Stefano, Michael G. Jacobson (2018), *Soil carbon sequestration in agroforestry systems: a meta-analysis*, Agroforest Syst., 92, 285–299, https://doi.org/10.1007/s10457-017-0147-9

Jérôme Laganière et al. (2010), *Carbon accumulation in agricultural soils after afforestation: a meta-analysis*, Global Change Biology, 16: 439–453, https://doi.org/10.1111/j.1365-2486.2009.01930.x

Christopher Poeplau et al. (2011), *Temporal dynamics of soil organic carbon after land-use change in the temperate zone*, a. a. O.

Nicole Masters, *For the Love of Soil*, S. 108

Ronny Meier et al. (2021), *Empirical estimate of forestation-induced precipitation changes in Europe*, Nat. Geosci., 14, 473–478, https://doi.org/10.1038/s41561-021-00773-6

VIEH I

Our World in Data, Meat Production, https://ourworldindata.org/meat-production; Fishcount, www.fishcount.org.uk/published/std/fishcountchapter19.pdf

Sergio Margulis, *Causes of Deforestation of the Brazilian Amazon*, World Bank Working Paper No. 22

Lucas Reijnders, Sam Soret (2003), *Quantification of the environmental impact of different dietary protein choices*, The American journal of clinical nutrition, 78, 664S-668S, 10.1093/ajcn/78.3.664S

Angela Symons, *Dutch farmers could be paid to close their livestock farms under new scheme*, Euronews, 3.5.2023

FAO, By the numbers: GHG emissions by livestock, www.fao.org/news/story/en/item/197623/icode/

Xiamong Xu et al., *Global greenhouse gas emissions from animal-based foods are twice those of plant-based foods*, Nat. Food, 2, 724–732 (2021), https://doi.org/10.1038/s43016-021-00358-x

Shefali Sharma, *Big Meat and Dairy are Heating up our Planet*, IATP, 18.07.2018

Zhengxin Ma et al., *Mitigating Antibiotic Resistance at the Livestock-Environment Interface: A Review*, J. Microbiol. Biotechnol., 2019, 29: 1683–1692, https://doi.org/10.4014/jmb.1909.09030

ECDC, *Antibiotic resistance: a growing threat to human health*, 17. November 2022

Candace C. Croney, Sarah T. Boysen, *Acquisition of a Joystick-Operated Video Task by Pigs (Sus scrofa)*, Frontiers in Psychology, Vol. 12, 2021, 10.3389/fpsyg.2021.631755

C. Mayer et al., *Verhalten, Haltung und Bewertung von Haltungssystemen, Schweinezucht und Schweinefleischerzeugung, Empfehlungen für die Praxis*, https://literatur.thuenen.de/digbib_extern/bitv/dk037183.pdf

Bundesinformationszentrum Landwirtschaft (BZL), Kastenstände in der Schweinehaltung, 17. Mai 2023, https://www.landwirtschaft.

de/diskussion-und-dialog/tierhaltung/kastenstaende-in-der-schweinehaltung
BMEL, Ausstieg aus der betäubungslosen Ferkelkastration, 16. März 2021
BMEL, Schweine, 31. Januar 2023

VIEH II

Life Wolf Alps, *The Wolf in the French Alps*, www.lifewolfalps.eu/en/the-wolf-in-the-alps/the-wolf-in-the-french-alps/
Nicole Masters, *For the love of soil*, S. 131–132
K.T. Weber, B.S. Gokhale, *Effect of grazing on soil-water content in semiarid rangelands of southeast Idaho*, Journal of Arid Environments, Volume 75, Issue 5, 2011, 464–470, https://doi.org/10.1016/j.jaridenv.2010.12.009.
Regine Koopmann, Christian Epe (2002), *Die gängige Entwurmungspraxis – noch zeitgemäß?*, Deutsche Schafzucht 94 (7): 164–168
James Hataway, *Overuse of deworming drugs led to widespread resistance among parasites*, University of Georgia, 19. Juli 2012
Naaman Zhou, Nick Evershed, *Mammoth woolly: Baarack the overgrown sheep shorn of his 35 kg fleece*, The Guardian, 25. Feb. 2021

VIEH III

Tara Garnett et al. (2017), *Grazed and Confused? Ruminating on cattle, grazing systems, methane, nitrous oxide, the soil carbon sequestration question – and what it all means for greenhouse gas emissions*, FCRN, University of Oxford
Lou Armijo (1982), *Convention will provide opportunity to view Savory Grazing Method*, Rangelands, 4 (5), 217–219
Allan Savory, *Tracking in the Rhodesian*, https://pitchstonewaters.com/wp-content/uploads/2017/11/Selous-Scout-story-Savory.pdf

C.A.R. Savory (1969), *Crisis in Rhodesia*, Oryx, 10 (1), 25–30, doi:10.1017/S0030605300007638

Betsy Marston, *Friends of the Earth comes to a crossroads*, High Road, 23. Juli 1984, https://s3.amazonaws.com/hcn-media/archive-pdf/1984_07_23_rfs.pdf

Allan Savory, *Greening the Desert: Holistic Management in the Era of Climate Change*, https://centerforneweconomics.org/publications/greening-the-desert-holistic-management-in-the-era-of-climate-change/

David D. Briske et al. (2013), *The Savory Method Can Not Green Deserts or Reverse Climate Change*, Rangelands, 35, 72–74, 10.2111/rangelands-d-13–00044.1.

Hannah Ritchie, Max Roser, *Land Use*, Our World in Data, September 2019

Jason E. Rowntree et al., *Ecosystem Impacts and Productive Capacity of a Multi-Species Pastured Livestock System*, Front. Sustain. Food Syst., 4. Dez. 2020, Sec. Agroecology and Ecosystem Services, Volume 4–2020, https://doi.org/10.3389/fsufs.2020.544984

Tong Wang et al. (2015), *GHG Mitigation Potential of Different Grazing Strategies in the United States Southern Great Plains*, Sustainability 7, no. 10: 13500–13521, https://doi.org/10.3390/su71013500

Paige L. Stanley et al., *Impacts of soil carbon sequestration on life cycle greenhouse gas emissions in Midwestern USA beef finishing systems*, Agricultural Systems, Volume 162, 2018, 249–258, https://doi.org/10.1016/j.agsy.2018.02.003.

Megan B. Machmuller et al., *Emerging land use practices rapidly increase soil organic matter*, Nat. Commun., 6, 6995 (2015), https://doi.org/10.1038/ncomms7995

Tony Svejcar et al., *Carbon Fluxes on North American Rangelands*, Rangeland Ecology & Management, Volume 61, Issue 5, 2008, 465–474, ISSN 1550–7424, https://doi.org/10.2111/07-108.1

Nicole Masters, *For the Love of Soil*, S. 110

Nemo, K. Klumpp et al. (2017). *Soil Organic Carbon (SOC) Equilibrium and Model Initialisation Methods: an Application to the Rothamsted Carbon (RothC) Model*, Environ. Model Assess., 22, 215–229, https://doi.org/10.1007/s10666-016-9536-0

Kathleen A. Mar et al., *Beyond CO_2 equivalence: The impacts of methane on climate, ecosystems, and health*, Environmental Science & Policy, Volume 134, 2022, 127–136, https://doi.org/10.1016/j.envsci.2022.03.027

M. Etminan et al. (2016), *Radiative forcing of carbon dioxide, methane, and nitrous oxide: A significant revision of the methane radiative forcing*, Geophys. Res. Lett., 43, 12, 614–12, 623, https://doi:10.1002/2016GL071930

W. Ripple et al. (2013). Commentary: *Ruminants, climate change and climate policy*, Nature Climate Change, 4, 2–5, 10.1038/nclimate2081.

C. J. Hadley (2000), *The wild life of Allan Savory*, Rangelands, 22 (1), 6–10, 10.2458/azu_rangelands_v22i1_hadley

M. Newman et al., *Exclusion of large herbivores: Long-term changes within the plant community*, Forest Ecology and Management, Volume 321, 2014, 136–144, https://doi.org/10.1016/j.foreco.2013.09.010

Peter Meyer, Marcus Schmidt, *Aspekte der Biodiversität von Buchenwäldern – Konsequenzen für eine naturnahe Bewirtschaftung*, Beiträge aus der NW-FVA, Band 3, 2008

VIEH IV

Todd Whitney, *Building Soil Organic Matter Takes Time*, UNL, Institute of Agriculture and Natural Resources, 28. Sept. 2018

H. Henry Janzen et al. (2022), *Photosynthetic limits on carbon sequestration in croplands*, a.a.O.

Rattan Lal, *Digging deeper: A holistic perspective of factors affecting*

soil organic carbon sequestration in agroecosystems, Global Change Biology, 2018, 24: 3285–3301, https://doi.org/10.1111/gcb.14054
P. Ciais et al. (2013), *Carbon and other biogeochemical cycles, a.a.O.*
Yi Yang et al. *Soil carbon sequestration accelerated by restoration of grassland biodiversity*, Nat. Commun., 10, 718 (2019), https://doi.org/10.1038/s41467-019-08636-w
Tobias Gaugler, Amelie Michalke, *»How much is the dish?«, Was kosten uns Lebensmittel wirklich?*, a.a.O.
Alexandra Dannenberg et al., *Milliarden für die Tierindustrie*, Bündnis »Gemeinsam gegen die Tierindustrie«, 04.03.2021
Statistisches Bundesamt, Tierhaltung: Dominierende Haltungsformen gewinnen weiter an Bedeutung, Pressemitteilung Nr. 051, 4. August 2021
BMEL, Rinder, 4. Mai 2023
Umwelt Bundesamt, Grünlandumbruch, 28.03.2023
Statista, Pro-Kopf-Konsum von Rind- und Kalbfleisch in Deutschland in den Jahren 1991 bis 2022
WWF, Soy, https://wwf.panda.org/discover/our_focus/food_practice/sustainable_production/soy/?
European Commission, *United States is Europe's main soya beans supplier with imports up by 112 %*, 7. Jan. 2019
Bundesinformationszentrum Landwirtschaft, *Wie wird Getreide in Deutschland genutzt?*, Getreideverwendung 2021/22
Hannah Ritchie, Max Roser, *Soy*, Our World in Data, 2021
Priska Baur, Stefan Flückiger (2018), *Nahrungsmittel aus ökologischer und tiergerechter Produktion – Potential des Standortes Schweiz*, ZHAW Zürcher Hochschule für Angewandte Wissenschaften, https://doi.org/10.21256/zhaw-1411
Gesellschaft zur Förderung des Tierwohls in der Nutztierhaltung mbH, *Haltungsform*, www.haltungsform.de
BMEL, *Weg frei: Die Tierhaltungskennzeichnung kommt*, 7. Juli 2023
Statista, Fleischkonsum in Deutschland, https://de.statista.com/themen/1315/fleisch/#topicOverview

Statistisches Bundesamt, Fleischproduktion im Jahr 2022 um 8,1 % gesunken, Pressemitteilung, Nr. 051, 8. Februar 2023

»Deutsche trinken so wenig Kuhmilch wie noch nie seit Statistikbeginn«, Spiegel, 30.05.2022

»CDU-Ministerin steht nach Teilnahme an Veggie-Monat unter Druck«, RND, 17.05.2023

REINTEGRATION

Benedikt Bösel, *Rebellen der Erde. Wie wir den Boden retten – und damit uns selbst!*, Scorpio Verlag 2023

Jürn Sanders, Jürgen Heß (Hrsg.) (2019), *Leistungen des ökologischen Landbaus für Umwelt und Gesellschaft*, Johann Heinrich von Thünen-Institut, Thünen Report 65, doi:10.3220/rep1576488624000

Rainer Luick, Hans-Karl Schuler, *Waldweide und forstrechtliche Aspekte*, Institut für Landschafts- und Pflanzenökologie, Universität Hohenheim, Heft 17, 2007, 149–164, Stuttgart 2008

Christopher Poeplau et al., *Temporal dynamics of soil organic carbon after land-use change in the temperate zone*, a. a. O.

J. Six et al. (2000), *Soil structure and soil organic matter: I. Distribution of aggregate size classes and aggregate associated carbon*, Soil Science Society of America Journal, 64: 681–689, 10.2136/sssaj2000.642681x

A. Edward Johnston et al. (2009), *Chapter 1 Soil Organic Matter: Its Importance in Sustainable Agriculture and Carbon Dioxide Fluxes*, Advances in Agronomy, Academic Press, Volume 101, 1–57, https://doi.org/10.1016/S0065-2113(08)00801-8

William F. Laurance et al. (2014), *Agricultural expansion and its impacts on tropical nature*, Trends in Ecology & Evolution, Volume 29, Issue 2, 107–116, https://doi.org/10.1016/j.tree.2013.12.001

T.G. Morais et al. (2021), *Agroecological measures and circular economy strategies to ensure sufficient nitrogen for sustainable farming*, Global Environmental Change, Volume 69, https://doi.org/10.1016/j.gloenvcha.2021.102313

Lauren C. Ponisio et al. (2015), *Diversification practices reduce organic to conventional yield gap*, Proc. Royal Society, https://doi.org/10.1098/rspb.2014.1396

Holger Kirchmann et al., *Dreams of Organic Farming, Facts and Myths* (2016)

Michelle T. Fountain (2022), *Impacts of Wildflower Interventions on Beneficial Insects in Fruit Crops: A Review*, Insects, 13, 304, https://doi.org/10.3390/insects13030304

PFLANZEN

Marcin Jakubowski (2022), *Cultivation Potential and Uses of Paulownia Wood: A Review*, Forests, 13, 668, https://doi.org/10.3390/f13050668

Bundesamt für Naturschutz, Neobiota, Klimawandel, https://neobiota.bfn.de/grundlagen/klimawandel.html

RADIKALE ANNÄHERUNG

Statista, Selbstversorgungsgrad bei Nahrungsmitteln in Deutschland in den Jahren 1990/91 bis 2020/21

Statistisches Bundesamt, Ökologische Landwirtschaft, 01.12.2022

BMEL, *Öko-Landbau stärken: Prozess zur Erarbeitung der Bio-Strategie 2030*, 4. Sep. 2023

Lauren C. Ponisio et al. (2015), *Diversification practices reduce organic to conventional yield gap*, a. a. O.

Bundesanstalt für Landwirtschaft und Ernährung (BLE), *Versorgung mit Stickstoff, Phosphat und Kali*, www.oekolandbau.de/index.php?id=1545

Deutscher Bundestag, Wissenschaftliche Dienste, *Kurzinformation: Düngemittel im biologischen Landbau*, 14. Sep. 2022
The Land Institute, *Perennial Rice*, https://landinstitute.org/our-work/perennial-crops/perennial-rice/

REGISTER